10억 년 전으로의 시간 여행

지질학자,

기록이 없는 시대의

한반도를 찾다

10억 년 전으로의 시간 여행

최덕근 지음

Humanist

차례

2009년 3월의 어느 따스한 봄날 홀로 관악산에 올랐다. 바위산의 계곡을 따라 올라 능선에 서는 순간, 눈앞에 펼쳐진 멋진 모습에 놀라움을 금할 수 없었다. 관악산이 이렇게 아름답다니! 서울대학교가 지금의 관악 캠퍼스로 이전한 때인 1975년부터 거의 30여 년 동안 나는 단 한 번도 관악산에 오른 적이 없었다.

지질학자로서 연구를 위해 수없이 많은 야외 조사를 하고 수많은 산에 올랐지만, 그것은 발아래에 펼쳐진 땅에 있는 연구물들을 위한 것이었다. 고개를 들어 자연의 경관을 살피고 아름답다고 느꼈던 것은 그때가 처음이었다. 예로부터 우리나라를 삼천리금수강산이라고 했던가. 나이 60이 넘어서야 그 말의 뜻을 이해하게 된 것이다.

그 다음 해에 지질학과 송년 모임에서 산행을 하면서 지질학의 새로운 맛을 깨닫게 되었다는 말을 전했더니, 대학 은사 이상만 교수께서 호號를 지어 주셨다. 도산壔山. '산과 대화하다.'라는 뜻이다. 그 뒤로 지금까지 주말마다 아름다운 우리나라의 산을 찾고 있다.

나는 정말 산과 대화하고 싶다. 산을 이루고 있는 암석에게 '너는 언제, 어디에서, 어떻게 태어났니?'라고 묻고 싶다. 그리고 그들이 어떻게 살아왔는지도 묻고 싶다. 우리 산하를 이루고 있는 이 아름다운 땅덩어리가 어떤 역사를 겪어 현재에 이르렀는지 알기를 원한다.

그렇다면 우리 한반도는 언제, 어떻게 만들어졌을까? 나는 지난 20여 년 동안 우리나라의 5억 년 전 암석과 화석을 연구하면서 당시 땅덩어리의 모습을 알아내고자 노력하였다. 그 연구 과정에서 우리 지구에 대한 많은 내용을 알게 되었고, 암석과 화석을 연구하면 할수록 지구는 더 매력적인 모습으로 나에게 다가왔다. 지구를 연구하는 과학자의 한 사람으로 많은 사람들이 나처럼 이 매력적인 지구에 대해서 더 잘 알게 되기를 소망한다. 지구는 우리 삶의 터전이고, 우리 자신 또한 지구의 한 부분이기 때문이다.

지구의 암석은 판구조론의 관점에서 설명되어야 한다. 암석이 만들어지고 난 후에 겪은 역사는 모두 지구의 움직임에 따라 결정되기 때문이다. 그러므로 어느 지역의 암석을 조사할 때 항상 머릿속에 그려야 할 사항은 '그 암석이 언제 어떻게 그 자리에 있게 되었는가.' 하는 점이다.

나는 운이 좋게도 한반도 형성 과정에서 중요한 사건들이 기록된 조선누층군과 옥천누층군이라는 암석을 공부할 수 있었다. 조선누층군은 강원도 남부에 넓게 분포하는 암석으로 5억 년 전 무렵의 얕은 바다에서 쌓였으며, 옥천누층군은 충청도지방에 드러나 있는 암석으로 약 7억 년 전 지구 대부분이 빙하로 덮였던 눈덩이 지구 시대 언저리에 쌓인 것으로 추정된다. 이 두 암석은 원래 각각 다른 땅덩어리에서 만들어졌는데, 2억 5000만 년 전 두 땅덩어리가 충돌하면서 합쳐져 지금처럼 나란히 붙어 있게 되었다. 그러므로 이 암석에는 한반도 형성 과정에서 일어났던 중요한 사건들이 모두 기록되어 있다.

이 책은 지질학자로서 내가 암석과 화석을 공부하는 과정을 통해 우리 한반도 형성 과정을 어떻게 이해하게 되었는가 하는 내용을 주로 다루게 될 것이다. 연구를 하면서 한반도 형성 과정에서 일어났던 중요한 사건들을 섭렵할 수 있었는데, 독자들도 이 글을 읽으면서 우리가 살고 있는 한반도의 옛 모습을 상상할 수 있기를 바란다.

의도했던 바는 아니지만, 내가 한반도 암석을 연구한 순서를 보면 1980년대 중반에는 1억 년 전 암석, 1980년대 후반부터 20여 년 동안은 5억 년 전 암석, 그리고 2011년 이후는 7억 년 전 암석이었다. 글을 쓰면서 이러한 과정이 타임머신을 타고 과거로, 더 과거로 …… 시간 여행을 하는 것 같이 느껴졌다.

이 책을 쓰게 된 계기는 휴머니스트 편집부의 기획 덕분이다. 원래 지구의 역사에 관한 책을 써달라는 부탁을 받고 원고를 쓰기 시작했는데, 쓰다 보니까 약간 엉뚱한 방향으로 이야기가 흘러갔다. 어찌 보면 내가 그동안 가장 하고 싶었던 이야기를 이곳에 풀어놓게 된 셈이다. 처음에는 자투리 시간을 이용하여 책을 쓰려고 했는데, 어느덧 책 쓰기에 푹 빠져 있는 나를 발견했다. 지난 몇 개월 동안, 적어도 이 책을 쓰고 있는 동안, 나는 행복했다.

원고를 쓰는 과정에서 나의 넋두리를 싫다 않고 들어 준 서울대학교 조성권, 박창업, 조문섭, 정해명 교수께 감사드린다. 그리고 그동안 서울대학교 고생물학 연구실을 거쳐 간 제자들에게 미안함과 고마운 마음을 함께 전하고 싶다. 그들의 헌신적인 노력이 없었다면, 이 책에 기록한 내용을 알아내기란 불가능했을 것이다.

마지막으로 나를 지질학자로 길러 주신 부모님, 초벌 원고를 읽고 교정을 도와준 나의 아내 정효숙, 그리고 아들 지환과 딸 지은에게도 감사의 뜻을 전한다.

2016년 새해
관악 도산재湖山齋에서

나는 지질학자다

1억 년 전으로 가는 시간 여행

지질학은 암석에 남겨진 기록을 바탕으로 역사를 탐구하는 학문이다. 처음 지질학을 전공으로 선택했을 때, 그 선택이 나를 5억 년 전과 7억 년 전 세계로 보내는 첫걸음일 줄은 전혀 상상하지 못했다. 내가 지질학을, 그중에서도 고생물학을, 그리고 고생물학 중에서도 삼엽충을 전공으로 택하게 된 계기는 우연이었기 때문이다.

나는 지질학자

지질학(地質學, geology)은 지구를 이루고 있는 물질, 지구의 내부구조, 그리고 그 형성 과정과 역사를 연구하는 자연과학의 한 분야이다. '지질학'이란 단어가 처음 등장한 것은 17세기 초였지만, 이 단어가 대중화된 것은 1807년 영국에서 런던 지질학회(The Geological Society of London)가 설립된 이후였다. 런던 지질학회는 1807년 11월 13일 13명의 과학자들이 런던의 프리메이슨 선술집(Freemasons Tavern)에서 저녁식사를 하는 모임에서 탄생하였다고 전해진다. 학회의 설립 목적에서 지질학자들 사이의 학술적 교류와 의사소통을 할 수 있는 매개체로써의 역할이 강조되었다.

회원들은 정기적으로 야외조사 모임을 가졌고, 암석을 관찰하는 일을 진지하게 생각해서 야외조사를 갈 때도 정장 차림이었다고 한다. 당시 영국 상류사회에서는 런던 지질학회에 가입하고 싶어 하는 사람들이 무척 많았다고 하는데, 그 배경에는 지질학이 책상 위에서만 담론하는 고리타분한 학문이 아니라 야외에서 직접 암석을 관찰하면서 과학적 사실을 알아낸다는 신선함에 있었던 듯하다. 지질학이 암석의 형성 과정과 그 나이를 알아내어 지구의 비밀을 풀어낸다는 점에서 고급스러움을 추구하는 영국 상류사회의 구성원들에게 매력적으로 다가왔을 것이다.

지질학은 19세기 초 영국 상류사회 구성원들의 취미활동으로 출발했지만, 과학뿐만 아니라 경제적으로도 중요하다는 점을 인식하게 된 것은 영국의 하층민이었던 토목기사 윌리엄 스미스(William Smith)가 1815년 그려낸 세계 최초의 지질도에서 찾아볼 수 있다. 스미스는 지질학과 관련해 교육을 받은 적이 없었지만, 암석에 들어 있는 과학적 의미를 알아낼 수 있었다. 그는 지질도를 그리면서 그 중요성을 깨우친 최초의 사람으로, 지질조사가 광산개발이나 농업증진, 토목건설 사업에 도움이 된다는 사실을 깨달았다. 인류의 문명이 광물자원을 활용하면서 급속히 발전한 점을 감안하면, 국토를 효율적으로 개발하고 유용한 광물자원을 찾기 위한 지질조사가 필수적이라는 사실을 이해하기란 어렵지 않을 것이다. 게다가 스미스는 지질조사 자체도 충분히 즐기며 행복해 했다고 전해진다. 그가 한창 활동했던 19세기 초에서 200여 년이 흐른 지금, 나도 스미스가 느꼈던 것과 비슷한 행복감으로 암석을 관찰하면서 산과 들을 헤매고 있다고 말한다면 지나친 자만심일까.

이 책을 쓰고 있는 나는 지질학자다. 지질학 중에서도 삼엽충이라는 화석을 연구하는 고생물학자다. 좀 더 친숙하게 설명하기 위해 지질학자가 주인공으로 등장한 영화를 소개해야겠다. 멸종된 공룡을 복원한 내용을 담은 영화 〈쥐라기 공원〉의 주인공은 공룡을 전공한 고생물학자였으며, 우리나라에서 1000만 관객을 동원했던 〈해운대〉에서 영화배우 박중훈이 맡았던 역할은 해양지질학자였다. 그렇기 때문일까, 사람들은 '지질조사'라고 하면 오지 탐험이나 엄청난 위험을 감수해야 하는 모험으로 생각하는 것 같다.

하지만 지질조사의 대부분은 우리 주변에 있는 보통의 산과 들을 찾는 일이다. 지질학자의 연구 재료는 암석이고, 고생물학자의 연구 대상은 암석 속에 화석으로 남겨진 옛 생물의 흔적이다. 그렇기 때문에 나는 암석과 화석을 찾아 산과 들을 누비고 다닌다.

암석은 우리 주변에서 쉽게 볼 수 있다. 도시 외곽에 있는 산이나 동네 뒷동산에 오르면 멋진 바위와 기묘한 돌 들을 쉽게 만날 수 있다. 멋진 산세와 바위의 모습에서 자연의 아름다움을 시로 읊조리거나 그림으로 남기는 경우는 많지만, 산과 바위에 담겨져 있는 과학적 의미를 생각하는 사람은 거의 없을 것이다. 북한산의 인수봉이나 설악산의 울산바위를 보면서 대부분 그 멋진 모습에 감탄하겠지만, 그중 인수봉이나 울산바위

그림 1-1. 울산바위 전설에 따르면, 조물주가 천하에 있는 모든 바위를 금강산으로 불러들였을 때 울산에 있던 덩치가 크고 몸이 무거웠던 바위는 걸음이 더뎌 약속한 시간에 금강산에 도착하지 못하고 지금의 설악산 자락에 눌러앉았다고 한다. 지질학적으로 설명해 보면 화강암인 울산바위는 약 8000만 년 전 지하 깊은 곳에서 마그마가 식으면서 암석이 되었고, 그 후 오랜 지질작용을 겪어 현재의 자리에 모습을 드러내게 된 것일 뿐이다.

가 어떻게 생겨났을까 하고 궁금해 한 사람은 극소수일 것이다. 그리고 그 극소수조차 대부분 지식의 한계 때문에 그저 궁금해 하는 수준에서 생각을 멈추게 된다.

사실 산이 만들어지고 그 산을 이루고 있는 바위들이 형성되는 과정을 알기 위해서는 지질학에 관한 지식이 필요하다. 그렇다고 해서 엄청나게 많은 지질학 지식을 필요로 하는 것은 아니다. 고등학교 과정의 '지구과학' 수준의 지식만 가지고도 얼마든지 암석의 형성 과정을 생각할 수 있다. 물론 문제는 고등학교 과정에 수록된 지질학 관련 내용을 얼마나 잘 이해했는가 하는 점이겠지만.

그렇다면 지질학자가 암석을 연구하는 목적은 무엇일까? 바꾸어 말하면 지질학은 왜 할까? 앞에서 지질학을 지구의 구성 물질, 내부구조, 그리고 그 형성 과정을 밝히는 자연과학의 한 분야라고 정의했다. 지질학의 연구목적은 뚜렷하다. 지구에서 현재 일어나고 있는, 또는 과거에 일어났던 자연현상을 과학적으로 설명하는 것이다.

이 문제를 구체적으로 알아보기 위해서는 지질학이 자연과학의 한 분야로 탄생하는 과정을 찾아보아야 한다. 지질학에서 중요한 개념인 지층 겹쌓임의 법칙이나, 화석이 옛날에 살았던 생물의 유해라는 사실을 알아낸 과학자 니콜라우스 스테노(Nicolaus Steno)는 17세기 중·후반의 인물이고, 동일과정의 법칙을 알아낸 제임스 허턴(James Hutton)이 주로 활동했던 시대는 18세기 후반이다. 스테노와 허턴이 다루었던 내용이 지금의 관점에서 보면 분명 지질학의 영역에 속하지만 17세기나 18세기에는 지질학이란 용어가 거의 사용되지 않았다. 스테노나 허턴은 자신을 지질학자라고 생각해 본 적이 없었을 것이다.

'지질조사地質調査'란 어느 지역의 암석을 관찰하여 암석의 종류와 분포, 암석들의 상대적 생성 순서와 지질시대, 단층이나 습곡과 같은 지질구조, 광상의 특성, 화석의 산출 등을 알아내는 일을 말한다. 암석은 흙이나 수풀에 덮여 있는 경우가 많으므로 지질조사를 할 때 암석이 잘 드러난 도로변, 강가, 골짜기, 산능선, 해변을 중점적으로 관찰하는 것이 보편적이다.

야외 지질조사를 할 때에는 여러 가지 장비와 도구가 필요하다. 크게는 네 가지로 첫째로는 조사할 지역의 지도로 보통 1:50,000 또는 1:25,000의 지형도를 사용하며, 조사하는 곳의 위치를 확인하고 기록한다. 두 번째 클리노컴퍼스(clino-compass)라는 장비는 지층의 층리면이나 단층면 또는 선구조나 면구조의 방향과 기울기(전문용어로는 주향走向과 경사傾斜라고 한다.)를 측정할 때 쓴다. 셋째, 조사용 망치는 암석을 깰 때 또는 화석을 찾을 때 쓰는 장비이다. 마지막으로 필드노트(field notebook)에 야외에서 관찰한 사항을 기록한다. 이밖에 필요한 장비로 카메라(암석 사진 촬영), 확대경(암석과 화석 관찰), 자와 줄자(길이 또는 두께 측정), 표품주머니(암석과 화석 표품을 운반하고 보호), 연필, 색연필, 유성펜, 조사용 가방 등이 있다.

지질조사는 암석을 만나면서 시작된다. 먼저 암석의 위치를 지형도에 표시한 후, 암석을 자세히 관찰한다. 암석은 종류에 따라 관찰해야 하는 내용에 상당한 차이가 있다. 화성암과 변성암의 경우에는 구성광물, 조직, 구조 등을 먼저 알아내고, 그 암석의 분포와 산출 상태와 다른 암석과의 관계를 파악한다. 퇴적암의 경우에는 구성 알갱이의 크기와 색, 성분, 퇴적구조, 지층의 두께, 화석의 산출 등을 기록한다. 암석에서 관찰한 내용은 필드노트에 기록하고, 필요한 경우 암석 또는 화석 표품을 채집한다. 실험실에 돌아와서 채집한 표품들을 현미경이나 분석기기를 이용하여 자세히 관찰하면 더욱 많은 내용을 알아낼 수 있다.

지질도는 지질조사에서 밝혀진 내용을 지형도 위에 기호와 색으로 표시한 것이다. 지질도에는 기본적으로 암석의 종류와 시대가 표기되어 있

그림 1-2. 지질조사의 현장 대부분의 지질조사에는 거창한 도구가 필요 없다. 조사용 망치와 나침반, 돋보기와 노트면 충분하다.

고, 그밖에 지질구조, 선구조 또는 면구조의 주향과 경사, 광산의 위치, 화석산지 등이 표시되어 있다. 지형도는 평면도지만 등고선을 보고 지형의 높고 낮음을 알 수 있는 것처럼, 지질도 역시 평면도지만 등고선과 지질경계선의 관계를 보고 조사지역 암석의 공간적 분포를 3차원적으로 유추할 수 있다.

요즈음 암석을 만날 때마다 항상 떠올리는 질문이 있다. '이 암석은 언제 어디에서 어떤 과정을 거쳐서 이 자리에 있게 되었을까?' 나는 그 암석이 겪은 역사를 알고 싶다. 우리 조상들은 자신의 활동을 유물이나 그림, 또는 글로 남겼다. 그러므로 한국사韓國史를 알기 위해서는 조상들이 남긴 유물을 연구해야 한다. 때로는 암호처럼 써진 상형문자나 그림을 해독해야 하고, 옛 기록을 읽기 위해서는 한자漢字도 배워야 한다. 우리의 땅덩어리도 자신이 겪은 역사의 기록을 암석에 남겼다. 암석에는 자신이 언제 태어났는지, 태어날 때는 어떤 환경이었는지, 그리고 그 후 어떤 일들이 벌어졌는지 하는 내용들이 기록되어 있다. 문제는 그 암석 속에 새겨진 기록을 읽을 수 있어야 한다는 점이다. 그러므로 지질학을 배우는 일은 암석 속에 남겨진 기록을 읽는 언어를 배우는 일과 같다. 지질학이라는 언어에 능통하면 할수록 암석 속에 담겨진 기록을 잘 읽을 수 있을 것이다.

1960년대는 한국 지질학의 도약기

내가 서울대학교 문리과대학 지질학과에 입학한 때는 1967년이다. 처음부터 지질학과를 목표로 한 것은 아니었다. 좀 더 솔직히 말하면 나는 지질학을 전공할 생각이 전혀 없었다. 고등학교 시절 진학 목표는 서울대학교 문리과대학 화학과였다. 당시 인기를 모으기 시작한 의과대학이나 공과대학은 진학대상으로 고려조차 하지 않았다. 언제부터인가 머릿속에는 꼭 순수학문을 하겠다는 생각이 뿌리내렸고, 문리과대학으로의 진학만이 전부가 되었다. 그러나 막상 입학원서를 작성할 무렵의 모의고사 성적은 화학과 추천 기준에 미치지 못했다. 내가 문리과대학을 고집한다는 사실을 아셨던 담임선생님께서는 화학과 대신 수학과나 물리학과, 아니면 지질학과 중 한 곳을 지원하라고 조언하셨다. 처음엔 약간 당황스러웠다. 이제까지 화학과라는 목표만을 향해 매진해 왔는데 다른 학문을 선택해야 한다니······. 아마 한 이틀쯤 고민했던 것 같다. 나는 스스로 수학이나 물리학에 재능이 있다고 생각해 본 적이 별로 없었고, 다른 한편으로는 고등학교 2학년 수업시간에 화학 선생님께서 하신 말씀—자신이 다시 대학을 다닌다면 지질학을 전공하겠다.—이 떠올랐다. 그래서 큰 망설임 없이 지질학과를 지망하였고, 8대 1이라는 상당히 높은 경쟁률을 뚫고 합격하였다.

어려서 잘 몰랐지만, 1960년대 당시의 우리나라는 경제개발을 위해 국가적으로 엄청난 노력을 기울이고 있었다. 1961년 5.16 군사정변이 일

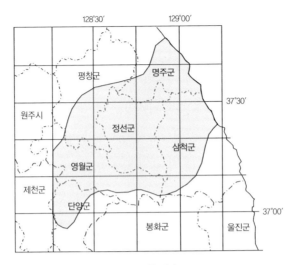

그림 1-3. 1961년 태백산지구 지하자원 조사단이 조사한 지역

어난 직후, 제1차 경제개발 5개년 계획(1962~1966)에 앞서서 가장 먼저 시행되었던 국가적 사업의 하나가 국내에 매장되어 있는 석탄과 석회암 자원을 파악하기 위한 지질조사였다. 석탄과 석회암은 대부분 강원도 남부에 몰려 있기 때문에 그 지역에 대한 종합적 자원조사 사업이 추진되었고, 그 결과 생겨난 사업의 이름이 '태백산지구 지하자원 조사'였다.

태백산지구는 강원도 남부 일대에 석회암과 석탄이 분포하는 지역을 말한다(그림 1-3). 당시 통계에 따르면 태백산지구에는 남한 석탄 총 매장량의 86퍼센트가 묻혀 있고, 석탄 생산량은 국내 생산량의 75퍼센트를 차지했다고 한다. 조사지역은 강원도 강릉시, 명주군, 삼척군, 평창군, 정선군, 영월군 등 6개 군, 충청북도의 제천군과 단양군, 그리고 경상북도의 봉화군 등 총 9개 시·군을 아우르는 넓은 지역이었다. 조사대상 구역에 포함된 지도는 축척 1:50,000 지형도 19매였고, 조사면적은 4,400제곱킬로미터로 남한 면적의 약 20분의 1에 해당하였다.

태백산지구의 지질조사를 위탁받은 기관은 대한지질학회였는데, 대한지질학회에서는 당시 국내에서 동원할 수 있는 지질전문가 43명을 모으고, 행정과 기술지원 인력 10명을 포함하여 총 53명으로 조사단을 구성하였다. 조사단장은 당시 대한지질학회 최유구 회장이 맡았고, 조사구역을 6지구로 나누어 책임자들이 임명되었다. 각 지구별 책임자로 홍만섭, 김봉균, 윤석규, 이대성, 정창희, 손치무 등 당시 한국 지질학계를 대표하는 학자들이 임명되었고, 각 지구마다 3~6명의 젊은 지질학자들이 조사원으로 참여하였다. 그럼에도 조사 인력이 부족하여 당시 우리나라 대학 중에서 유일하게 지질학과가 있었던 서울대학교 문리과대학 지질학과의 모든 대학원생, 그리고 학부 2학년 이상의 학생들이 '태백산지구 지하자원 조사' 사업에 투입되었다. 그래서 1961년도 2학기에 지질학과의 모든 강좌가 폐강되었다고 전해진다.

조사 일정은 예비조사, 야외조사, 보고서 작성으로 나뉘었다. 예비조사는 1961년 7월 1일부터 9월 14일까지 75일이었고, 야외조사는 9월 15일부터 12월 21일까지 97일이었으며, 보고서 작성은 1962년 3월 31일까지 마치는 것으로 정해졌다. 조사지역이 넓었을 뿐만 아니라 당시 태백산지구의 도로 사정이나 교통편이 열악했기 때문에 조사단에서는 각 지구마다 한 대의 지프차를 기사와 함께 배정하여 조사를 지원하였다. 이 조치는 당시로는 매우 획기적이었다. 자동차가 귀하던 시절, 조사원들이 지프차를 타고 강원도 산골을 누비면 시골 사람들은 선망의 눈초리로 바라보았다고 한다. 조사원들은 항상 지도와 나침반, 조사용 망치를 들고 다녔기 때문에 이따금 북한에서 내려온 공비로 오인한 주민들의 신고로 경찰서에 붙들려가서 곤욕을 치렀다는 이야기가 지금까지도 전설처럼 전해 내려오고 있다.

1962년 3월 31일자로 발간된 조사 보고서에는 축척 1:50,000 지질도 19매가 들어 있었고, 태백산지구에 분포하는 암석의 지질과 층서, 그리고 석탄, 석회암, 철광 등 주요 자원의 매장량이 자세히 수록되었다. 이 사업은 1962년 시행된 국가사업 중 주요 성과의 하나로 선정되었다고 하니, 당시 우리나라에서 이 사업이 얼마나 중요했었는지 알게 해 주는 지표이다. '태백산지구 지하자원 조사' 사업의 결과는 이후 우리나라 경제개발 계획 수립을 위한 기초자료로 활용되었고, 사회적으로 지질학이라는 학문을 널리 알리는 데 크게 기여하였다. 실제로 1960년대와 1970년대에 태백산지구에서 생산된 석탄은 우리나라 산업과 가정의 주 에너지 공급원이었으며, 석회암은 도로와 주택 건설에 필요한 시멘트 원료로 공급되어 우리나라 경제성장의 밑거름이 되었다.

지금 돌이켜 보면 단지 4개월 동안에 그 넓은 지역을 어떻게 조사할 수 있었는지 이해하기 어렵지만, '태백산지구 지하자원 조사'라는 사업을 계기로 한국 지질학의 학문 수준이 한 단계 상승하였다는 점은 부정할 수 없다. 왜냐하면 지질학을 익히는 최고의 수업은 야외조사인데, 당시 서울대학교 지질학과 학부생들은 한국 지질학 교육 역사상 그 예를 찾아볼 수 없는 4개월이란 긴 기간의 야외조사를 경험했기 때문이다. 태백산지구 지하자원 조사단에 학생 신분으로 지질조사에 참여했던 사람들이 나중에 지질조사를 잘한다는 평판을 들은 것을 보면 지질학을 익히는 데 있어서 야외조사의 중요성을 알 수 있다.

1960년대는 자원개발이 국가발전에 중요하다는 인식이 퍼지면서 대한석탄공사, 대한광업진흥공사, 대한중석 같은 광업 관련 공기업체는 당시 젊은이들에게 선망의 직장이었다. 이와 같은 사회적 요구의 영향이었겠지만, 당시 지질학과의 입학 경쟁률은 무척 높았고 따라서 우수한 학생들이 많이 지원했었다. 1960년대는 우리나라 지질학의 도약기였다.

고생물학에 입문하다

1967년 서울대학교 문리과대학 지질학과에 입학한 나는 부푼 가슴을 안고 대학생활을 시작하였다. 대부분의 학생이 대학 1학년 때는 학업에 거의 관심을 보이지 않지만, 나중에 훌륭한 과학자가 되겠다고 마음먹었던 나는 대학생활을 항상 공부와 연결시켰다. 1학년 첫 학기부터 수업이 끝나면 도서관으로, 그리고 도서관에서 다시 강의실로 옮겨 다니는, 남이 보기에는 참으로 단조롭고 재미없는 대학생활을 하였다. 하숙집에 돌아와서도 저녁식사 후에는 부근에 있던 고려대학교 도서관에 가서 공부를

그림 1-4. 1960년대 서울대학교 문리과대학의 정문으로 지금의 대학로 자리다.

계속했다. 그렇지만 그 생활이 힘들거나 싫었던 기억은 없다.

그렇기 때문에 대학생활은 도서관과 강의실을 오가는 일로 채워졌는데, 사실 그때 무엇을 그렇게 열심히 공부했는지는 기억나지 않는다. 당시 한국 대학의 교육 여건이 너무 열악하여 수업시간에 배운 양이 많지 않았기 때문이다. 게다가 1960년대의 서울대학교 문리과대학은 정부 규탄 시위의 중심지였고, 강의를 듣는 날보다 휴강하는 날이 더 많았다. 특히 4월 19일 무렵이면 학교 안팎은 온통 시위하는 학생들과 이를 진압하려는 경찰들 사이의 숨바꼭질로 소란스러웠고, 캠퍼스를 뒤덮는 매캐한 최루탄 연기는 정말 고통스러웠다. 나는 특별히 정의감에 불타는 학생도 아니었고, 또 정치에는 예나 지금이나 관심이 없었으므로 시위에 참가한 적은 없었다.

대학교 4학년이던 1970년, 누구나 그렇듯 진로와 관련된 선택의 기로에 서게 되었다. 당시 서울대학교 지질학과에서는 4학년 학생들에게 연구실에 소속되어 학부 졸업논문을 작성하도록 하는 프로그램이 있었다. 지금도 그렇지만 대부분의 학생은 어떤 특정한 전공을 선호하여 한 분야로 지원이 몰리는 경향이 있다. 우리 동기생들도 예외가 아니어서 1~2 전공에 지원이 몰렸다. 나는 4학년이 되었음에도 불구하고, 아직 장래 연구 분야를 정하지 못한 상태였다. 모두 모여 연구실 지원에 대한 갑론을박을 하는데, 고생물학 연구실에 지원하겠다는 사람은 아무도 없었다. 나 또한 생물학을 공부해 본 적이 없었기 때문에 고생물학을 전공하겠다는 생각을 해 본 적이 없었다. 문득 아무도 지원하지 않는 분야를 전공해 보는 것은 어떨까 하는 생각이 들었다. 다음 날 고생물학 전공이셨던 김봉균 교수님을 찾아가 생물학에 대한 지식이 전혀 없는데 고생물학을 전공하는 것이 가능한지 여쭈었더니, 충분히 할 수 있다는 답을 받았다. 그 말씀을 듣고 고생물학 연구실을 지원하였다. 고생물학자가 되기 위한 첫 걸음을 내디딘 것이다.

대학 졸업과 함께 치른 대학원 시험에 나는 무난히 합격했다. 그 당시만 해도 우리나라의 모든 분야가 학문의 초기 단계였기 때문에 대학원에 진학하려는 사람들이 많지 않았고, 나 또한 대학원 진학과 취업을 놓고 갈등했다. 학기 중에 공부할 때는 열심히 공부하여 훌륭한 학자가 되어야지 하고 생각하다가도 방학이 되어 집에 내려가 있을 때면 학비 마련에 힘겨워 하시는 부모님의 모습에서 빨리 취직해 부모님의 힘을 덜어드려야지 하는 마음으로 바뀌기도 하였다. 대학원 진학과 취업 사이의 갈

등은 졸업 무렵까지 이어졌다. 다행히 이 갈등을 2년 남짓 미뤄둘 수 있었는데, 그것은 졸업하면 곧바로 ROTC 장교로 군 복무를 해야 했기 때문이다. 나는 일단 대학원에 진학해놓고, 공부를 계속할 것인지는 군 복무 중에 심각하게 고민해 보기로 하였다. 2년은 고민하기에 충분한 시간이라는 생각이었다.

대학 졸업 후 2년이 지난 1973년 6월 초, 군에서 전역하기 한 달 전 지도교수이신 김봉균 교수님을 찾아뵈었더니 7월 10일 함께 강원도로 야외조사를 가자고 말씀하셨다. 나는 6월 30일 전역하자마자 쉴 틈도 없이 짐을 꾸려 조사 일행과 함께 강원도행 버스를 탔다. 의도와는 다르게 군에 있는 동안에도 고민은 거의 하지 않았다. 무의식중에 나의 마음은 학교에 가 있었고, 2년 4개월 만에 돌아온 학교는 전혀 어색하지 않았다.

1973년 9월, 대학원에 복학하면서 가장 먼저 무엇을 연구할 것인지 찾기 시작하였다. 지도교수께서는 본인의 전공이 유공충有孔蟲이니까 나에게 개형충介形蟲이란 생물을 공부하는 것이 좋겠다고 말씀하셨다. 선생님께서 주선해 주신 덕분에 연구 시료를 한국 해양연구소에서 얻을 수 있었다. 연구 시료는 당시 한국 해양연구소에서 조사 중이던 경남 진해만에서 채취한 해양퇴적물이었다. 퇴적물을 대상으로 다양한 연구가 이루어졌는데, 나에게는 그 시료에 들어 있는 개형충을 연구하는 일이 맡겨졌다. 사실 연구를 시작할 때는 개형충이 어떤 생물인지 조차 잘 몰랐다. 대학시절 고생물학 수업시간에 배웠던 기억을 더듬어 보면 미화석微化石의 일종으로 작은 조개껍질 비슷한 모양이라는 것이 알고 있는 전부였다.

화석은 크기에 따라 거화석巨
化石, 미화석, 초미화석超微化石
으로 나누어진다. 거화석은 말
그대로 큰 화석으로 야외에서
화석을 보고 어떤 생물인지 쉽

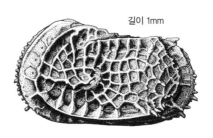

길이 1mm

그림 1-5. 개형충의 껍질

게 알아볼 수 있는 크기의 화석을 말한다. 미화석은 맨 눈으로는 알아보
기 힘들지만, 돋보기나 현미경의 도움을 받아 어떤 생물인지 알 수 있는
화석이다. 크기는 대체로 0.5~1밀리미터이다. 초미화석은 보통 현미경
으로는 구분하기 어려울 정도로 크기가 매우 작은(0.01밀리미터 내외) 화석
으로 주사전자현미경과 같은 고배율 현미경을 이용하여 연구한다.

개형충은 절지동물 중 갑각류에 속하는 생물로 크기는 0.15~2밀리미
터이며, 조개처럼 2개의 석회질 껍질이 몸체를 감싸고 있다(그림 1-5). 이
생물은 바다, 호수, 강, 늪 등 물이 있는 곳이면 어디에서나 살고 있다. 개
형충은 캄브리아기 초인 5억 2000만 년 전 지구에 처음 등장하여 지금까
지도 번성하고 있다.

나는 퇴적물에서 골라낸 개형충을 분류하는 한편, 그 생물군집을 분석
하는 데 사용할 연구방법론을 찾기 시작하였다. 그래서 서울대학교 중앙
도서관과 문리과대학 도서관을 뒤졌는데, 당시 두 도서관을 통 털어서
소장 중인 고생물학 관련 학술지는 미국고생물학회에서 발행하는《미
국 고생물학회지(*Journal of Paleontology*)》딱 한 종류였다. 그 학술지에서 미

화석을 다룬 논문들을 중심으로 읽어 나갔는데, 최근 몇 년(1960년대 후반과 1970년대 초반) 동안에 발표된 논문을 섭렵하니까 당시 학자들이 주로 사용하는 연구방법을 알 수 있었다. 그 방법은 군집분석(cluster analysis)으로 지역에 따라 살고 있는 생물군집들의 비슷한 정도를 비교하는 기법이다. 이론은 간단하여 지역별로 생물군집의 유사성을 친밀도지수(similarity coefficient)로 나타낸 다음, 친밀도지수가 큰 것끼리 묶어나가는 방식이다. 그런데 분석해야할 시료가 많으면, 손이나 계산기를 이용하여 친밀도를 계산하는 일이 불가능하기 때문에 이를 계산하기 위해서는 반드시 컴퓨터의 도움이 필요했다.

1973년은 우리나라에 전자계산기가 도입되어 얼마 지나지 않았던 때였다(1975년 서울대학교가 현재의 관악캠퍼스에 자리 잡기 이전에는 각 대학들의 캠퍼스는 서울 시내 곳곳에 분산되어 있었다. 문리과대학, 법과대학, 미술대학, 의과대학, 약학대학은 현재의 대학로 부근이었고, 공과대학은 공릉동으로 불암산 기슭, 사범대학은 용두동, 그리고 농과대학은 수원에 있었다.). 당시 불암산 기슭에 있던 서울공대에 전자계산기가 딱 한 대 있었다. 마침, 방학을 맞이하여 전자계산기 이용에 관한 강좌가 개설되어 나는 1974년 여름방학 컴퓨터강좌에 등록하였다. 포트란(Fortran) 프로그래밍에 대한 기초를 배운 후, 내가 사용할 군집분석 프로그램을 테스트해 보기로 하였다. 그 과정을 간략히 소개하면 다음과 같다. 먼저 프로그램을 작성한 다음, 타자기처럼 생긴 장치를 이용하여 순서에 따라 OMR 카드에 구멍을 뚫는다. 예를 들어 프로그램이 50줄이면 OMR 카드도 50장이 필요했다. 그 다음에는 구멍 뚫린 OMR

카드를 순서대로 OMR 카드리더(card reader)라고 하는 기계에 넣어 컴퓨터가 읽도록 하였다. 그러면, 자료를 읽은 컴퓨터가 프로그램에 따라 계산하여 결과를 알려 준다. 지금은 개인마다 컴퓨터가 있어 이러한 계산을 자기 책상 위에서 쉽게 할 수 있지만, 당시에는 하나의 결과를 얻기 위해서는 언제나 대학 부설 전자계산소에 가야 했다. 나는 작성한 프로그램을 여러 번 테스트하여 그 방법을 완전히 알아내었다.

나의 연구는 비교적 순탄한 것처럼 보였다. 사실은 참고할 자료가 별로 많지 않았기 때문에 연구의 진척은 빨랐다. 그만큼 참고자료를 읽는 데 시간을 소비하지 않았지만, 반면에 연구수준은 떨어질 수밖에 없었다. 하긴, 당시에는 우리나라의 연구능력이 매우 낮았기 때문에 연구수준을 비교할 수 있는 대상이 있었던 것도 아니고, 지금의 눈높이에서 보면 그저 논문 쓰는 흉내를 내고 있는 정도였다. 그러한 형편이었음에도 불구하고 나는 나름대로 새로운 분석방법을 익히고, 그 방법을 개형충 자료에 적용하는 데 몰두하였다.

연구를 시작한 지 약 1년 만에 개형충에 대한 분류 작업을 마쳤다. 다음으로 해야 할 일은 그 자료를 군집분석하는 일인데, 당시 서울대학교 컴퓨터의 성능은 컴퓨터를 몇 시간동안 가동해야 나의 결과 하나를 얻을 수 있는 수준이었다. 문제는 단 한 번에 결과를 얻을 수 없다는 점이었고, 여러 번 시행착오를 거쳐야 했다. 그런데 수백 장이나 되는 OMR카드에 구멍을 뚫다보면 틀리기 일쑤였고, 그러면 컴퓨터를 처음부터 다시 돌려야 하니 짜증도 났다.

그 무렵 나의 대학 동기생 중에 일본계열의 컴퓨터 회사에 들어간 이가 있었다. 이상헌이라는 친구인데, 마침 신입사원 연수중이어서 회사의 컴퓨터를 쓸 수 있다고 말했다. 그 컴퓨터는 당시 우리나라에서 가장 성능이 좋은 컴퓨터 중 하나였다. 상헌은 자기가 1시간 일찍 출근하여 내 프로그램을 돌려보겠다고 했다. 얼마나 기뻤는지……. 상헌이 헌신적으로 도와주었음에도 불구하고, 내가 원하는 최종 결과를 얻기까지에는 거의 4개월이라는 시간이 걸렸다. 만약 서울대학교 컴퓨터에 계속 매달려 있었다면, 제때 졸업을 못했을지도 모른다.

1975년 여름, 나는 그 연구결과를 모든 교수님과 학생들 앞에서 발표하였다. 지금 고백하자면, 그 당시 나는 이 분야에서 내가 가장 많이 알고 있다는 치기어린 자부심에 들떠 있었다. 그동안 어느 누구도 시도하지 않았던 통계학적 기법을 지질학에 도입했고, 또 자료 분석에 최첨단 기계인 컴퓨터를 이용했다는 자부심이었다. 그러나 나중에 내가 쓴 석사학위 논문이 엄격한 의미에서 고생물학 논문이 아니라는 사실을 깨달은 후, 정신적으로 상당히 힘들었다.

어찌되었든 무사히 석사학위를 받았고, 1976년 봄 박사과정에 진학하게 되었다. 당시는 박사학위를 받기 위해서 외국으로 가는 풍조가 만연해지기 시작한 무렵이었지만, 외국 유학을 준비하는 법도 몰랐고, 외국에서 장학금을 받는다고 해도 비행기 삯을 마련할 자신도 없었기 때문에 국내에서 박사과정을 계속하기로 마음먹었다. 한편으로 공부는 어디서 하든지 자기하기 나름이라고 스스로에게 위안을 했던 거 같다. 박사과정에 진학한 후에도 예전과 다름없이 개형충에 관한 공부를 계속하였는데, 공부를 하면 할수록 그 생물을 연구하는 일에 회의감이 들었다. 개형충이 화석으로 많이 산출되는 것도 아니었기 때문에 개형충을 공부해야 하는 이유를 찾을 수 없었다. 무엇보다도 개형충을 주제로 박사학위 논문을 어떻게 준비해야 하는지도 알 수 없었다. 마치 끝이 보이지 않을 정도로 높은 벽이 앞을 가로막고 있는 느낌이었다.

과연 어떻게 하는 것이 진정으로 고생물학을 하는 것일까? 이 질문은 박사과정 2학년이 되면서 나를 더욱 괴롭혔다. 연구에 대한 자신감은 점점 없어져 갔다. 공부에 진척도 없고, 공부하는 즐거움도 느끼지 못하였다. 나는 무언가 결단을 내려야 한다는 강박관념에 시달렸다. 공부를 제대로 하든지 아니면 공부를 그만두든지……. 1977년 가을, 나는 마침내 공부를 제대로 하려면 유학을 가야겠다는 결정을 내렸다. 만일 유학을 가지 못한다면, 지질학을 그만 두겠다고 다짐하였다. 왜냐하면, 학문에 대한 자신감이 없는 상태에서 나중에 학생을 가르치거나 연구할 확신이 없었기 때문이다.

더 넓은 세상으로

유학을 결심한 나는 미국에 있는 대학들을 물색하기 시작하였다. 일단 그동안 공부한 대상이 미화석이었으니까 미화석을 연구하는 교수가 있는 대학을 중심으로 유학갈 곳을 찾았다. 우선, 개형충을 전공하는 교수가 있는 대학으로 캔자스대학교와 루이지애나주립대학교를 골랐고, 그 다음에는 꽃가루 화석 전공 교수가 있는 펜실베이니아주립대학교와 애리조나대학교를 선정하였다.

꽃가루 화석을 연구대상으로 고려한 배경은 두 가지였다. 하나는 내가 석사과정에서 연구했던 개형충은 화석으로 산출되는 양이 적을 뿐만 아니라 나 자신조차 그 생물에 대한 흥미를 느끼지 못했기 때문이었다. 다른 하나는 만일 다른 생물을 공부해야 한다면 우리나라의 땅덩어리를 연구하는 데 도움이 될 화석으로 무엇이 있을까 생각해 보았다. 그 당시 나는 이따금 경상도지방을 조사할 기회가 있었는데, 경상도지방 암석은 모두 백악기(1억 4500만 년 전에서 6600만 년 전)에 쌓인 육성퇴적층이었다. 이 암석은 경상누층군慶尙累層群으로 불리며, 두께가 10킬로미터에 달하는 퇴적층이다. 이 육성퇴적층은 대부분 강과 호수에서 쌓였으므로 육상식물 화석이 들어 있을 텐데, 그중에서도 꽃가루 화석이 가장 흔하리라고 생각했다. 그리고 그 속에는 내가 일생동안 연구할 수 있는 충분한 양의 꽃가루 화석이 들어 있으리라고 판단하였다.

1978년 가을, 유학 대상으로 선정한 네 개 대학의 관련 전공교수들에게 개인적인 서신을 보냈다. 자기소개서와 공부하려는 목적을 쓰고, 학부성적표와 토플 성적 등을 함께 알려 주었다. 네 곳의 대학 중에서 호의적인 반응을 보인 세 대학에 지원한 후, 결과를 기다렸다. 1979년 봄, 드디어 나는 루이지애나주립대학교와 펜실베이니아주립대학교로부터 장학금을 주겠다는 통지를 받았다. 특히, 펜실베이니아주립대학교의 트레버스(Alfred Traverse) 교수로부터 매우 호의적인 편지를 받아 호감을 가지고 있던 터라 펜실베이니아주립대학교를 최종 유학 목적지로 결정하였다.

1979년 8월 22일, 나는 김포공항에서 아내와 가족, 친지들의 환송을 받으며, 미국으로 가는 비행기에 몸을 실었다. 아내와 함께 가지 못했던 이유는 외국에서 처음으로 생활해야한다는 불안감 때문에 어느 정도 미국 생활에 적응한 다음 오는 것이 좋겠다는 판단에서였다. 그래서 아내는 3개월 후에 오기로 하고, 나 홀로 떠났다. 그때는 지금처럼 직항 노선이 없었는지 비행기를 여러 번 갈아타야 했다. 서울을 떠나 도쿄를 거쳐 호놀룰루에서 미국 입국심사를 받은 다음, 그 다음날 저녁 무렵에야 로스앤젤레스에 내렸다. 그곳에서 다시 미국 국내선으로 갈아타고 피츠버그에 도착하니 또 그 다음날 새벽 5시쯤이었다. 피츠버그에서 고속버스만한 작은 프로펠러 비행기를 타고, 펜실베이니아주립대학교가 있는 스테이트컬리지라는 작은 마을에 내린 것은 점심 무렵이었다.

비행기가 내린 곳은 허허벌판으로 어디가 어딘지 알 수 없었다. 열 명가량 탔던 승객은 도착과 함께 모두 떠나버리고, 나만 혼자 덩그러니 공항 대합실에 남겨졌다. 그때, 나는 펜실베이니아주립대학교에 재학 중인 한국인 두 명의 주소와 전화번호를 알고 있었다. 개인적으로 아는 분들은 아니었지만, 혹시 어떻게 될지 모르니 전화번호를 가져가라는 선배의 도움이었다. 미국에서 처음 공중전화로 전화걸기를 시도하였다. 몇 번의 시행착오 끝에 반대편에서 들려오는 목소리가 동양인이라는 느낌이 들자, 나는 한국에서 왔다고 말했다. 그랬더니 그 분은 곧 데리러 오겠다는 말을 남겼고, 얼마 지나지 않아 공항에 도착하였다. 공항에서 학교까지는 차로 약 10분 거리였는데, 가는 길 주변은 온통 옥수수 밭뿐이어서 너무 시골로 온 것은 아닌가하고 후회스러운 마음이 들 정도였다.

펜실베이니아주립대학교가 있는 도시 스테이트컬리지(State College)를 그대로 번역하면 '주의 대학'이다. 1850년대에 주립대학을 건립하는 계획이 수립되었을 때, 당시 펜실베이니아 주의 주요 도시인 필라델피아와 피츠버그가 서로 자기 쪽으로 대학을 유치하려고 경쟁하는 바람에 주 정부에서는 두 도시의 중간에 위치한 허허벌판에 대학을 세우고, 도시 이름도 스테이트컬리지라고 붙였다는 것이다. 그 선배는 차를 캠퍼스 건물 사이로 몰면서 간단히 학교를 소개해 주었다. 캠퍼스의 규모는 상상할 수 없을 정도로 컸다.

나의 지도교수였던 트레버스는 정말 다정다감한 분이셨다. 펜실베이니아주립대학교에 도착하여 처음 그 분을 뵈러 연구실에 갔을 때, 권위적인 외모와는 달리 나를 캠퍼스 이곳저곳으로 데리고 다니면서 학교 시설을 친절하게 설명해 주셨다. 교수님의 부인인 베티(Betty)는 실험조교 겸 비서 역할을 했다. 트레버스 교수는 학문적으로 많은 내용을 가르쳤다기보다는 학문하는 자세를 보여 주셨고, 특히 외국인 제자인 나에게 인간적인 사랑을 베풀어 주셨다. 사실 어떤 때는 지나친 배려가 오히려 부담스럽기도 했다. 예를 들면, 아내가 첫 아이를 가졌을 때는 산부인과에 전화하여 진료 예약을 해 주셨고, 병원에 갈 때는 직접 태워다 주시기도 하였다. 1980년 5월 첫 아이 출산예정에 맞추어 차를 살 계획을 세웠는데, 트레버스 교수는 가난한 나라(당시 우리나라의 GNP는 약 1,600달러로 2014년 GNP 28,000달러의 약 20분의 1이었다.)에서 온 유학생이 장학금을 받아 차를 유지할 수 없다면서 차를 사는 일에 제동을 거셨다. 나는 선생님의 권유를 받아들여 한동안 차를 사지 않았다.

나는 펜실베이니아주립대학교에 지원했을 때, 트레버스 교수에게 백악기의 꽃가루 화석을 연구하고 싶다고 썼다. 그 말을 기억하고 계셨던 트레버스 교수는 미국 스미소니언 자연사박물관의 연구원이었던 히키(Leo Hickey) 박사에게 도움을 청하여 나의 연구 시료를 준비해 주셨다. 나의 박사학위 논문 연구는 순탄하게 진행되었다. 논문제출자격시험도 무사히 통과했고, 시간적으로도 여유가 생겼다. 원하던 공부를 마음껏 한 것 외에도 미국에서의 생활이 나에게 더욱 뜻 깊었던 점은 나의 아들과 딸이 태어난 일이다. 만 4년에 걸친 미국 유학 생활은 나를 학문적으로나 인간적으로 성숙하게 만든, 내 인생에서 가장 중요한 시절이었다.

1983년 8월 20일 박사학위를 받자 곧바로 귀국 길에 올랐다. 박사학위를 받는 것이 확정되었을 때, 부모님께 학위를 받는 나의 모습을 보여드리고 싶었고 그래서 한국에 있는 형제들에게 부모님의 미국 왕복항공료를 부담하도록 부탁했다. 난생 처음 외국 나들이에 나선 부모님을 뉴욕 JFK공항에서 마중한 것도 내 인생에서 감격스러운 장면의 하나로 남아 있다. 부모님께 워싱턴과 뉴욕, 나이아가라 폭포를 구경시켜 드리면서 처음으로 효도 비슷한 것을 했구나하는 느낌을 가졌다. 우리 가족이 귀국할 때는 부모님과 우리 부부, 아들과 딸을 합해 모두 6명이었다. 귀국 후 정확하게 일주일이 지난 9월 1일, 뉴욕 발 대한항공 비행기, 즉 우리 가족이 탔던 항공편(KE007)과 똑같은 비행기가 사할린 부근에서 사라졌다는 소식을 뉴스에서 접했다.

1억 년 전의 한반도

1983년 8월 귀국하자마자 나는 한국동력자원연구소(현 한국지질자원연구원)의 선임연구원으로 일을 시작하였다. 미국에서의 연구 경험이 우리나라 땅덩어리 연구에 얼마나 도움이 될지 무척 궁금하기 시작했다. 조급한 마음에 귀국하여 3주가량 지났을 즈음, 경상도지방으로 야외조사를 떠났다. 9월 중순에서 하순에 걸쳐서 약 2주일 동안 조사했는데, 안동에서 시작하여 의성, 군위, 대구, 울산, 진주 일대를 돌며 경상누층군에서 150개의 암석 시료를 채집하였다. 연구소에 돌아와서 곧바로 시료를 처리하여 꽃가루 화석의 보존상태 점검에 들어갔다. 독자들 중에는 암석에서 꽃가루 화석을 어떻게 찾아내는지 궁금해 할지도 모른다.

암석에서 꽃가루 화석을 찾아내는 방법은 간단하다. 꽃가루는 식물이니까 암석 시료에서 광물질은 제거하고 식물질만 남기는 방식이다. 먼저 암석을 잘게 부수어 가루를 만든 다음, 염산(HCl)을 부어 석회질 성분을 제거하고, 그 다음은 불산(HF)을 이용하여 모래 성분을 녹여낸다. 그러면 남는 물질은 대부분 식물질인데, 이들은 암석화되는 과정에서 높은 열 때문에 탄화된 상태이다. 쉽게 말하면, 식물질들은 숯이 되어 암석 속에 남아 있다는 이야기다. 꽃가루 화석이 숯처럼 까맣게 보이면, 어떤 종류 인지 알기 어려우므로 탈색을 시켜야 한다. 빨래할 때 표백제를 쓰는 것 처럼, 까맣게 탄 식물성 물질을 표백제로 탈색시키면 운이 좋은 경우 원래의 꽃가루 모습으로 되돌릴 수 있다. 여기에서 운이 좋다고 말한 이유 는 식물질이 너무 심하게 탄화되면, 원래 모습으로 되돌릴 수 없기 때문 이다.

약 2개월 동안 실험에 몰두했지만 실험 결과는 실망 그 자체였다. 150 개 시료 중에서 꽃가루 화석의 흔적이 발견된 시료는 10개 남짓이었는 데, 그나마 연구에 쓸 만한 시료는 3~4개에 불과하였다. 그래도 몇 개의 시료에서 화석이 나온다는 사실에 위안을 받아 더 많은 시료를 처리해 보았지만, 결과는 기대 이하였다. 할 수 없이 그때까지 모은 자료를 정리 하여 1985년 고생물학회지 제1권 제1호에 실었다. 그 결과를 요약하면 다음과 같다.

경상누층군에서 찾은 꽃가루 화석 중에서 양적으로 가장 많은 종류는 코롤리나(Corollina)라고 하는 꽃가루인데, 이 꽃가루를 생산했던 식물은 따뜻하고 건조한 아열대기후에서 잘 서식했던 종류로 알려져 있다. 나 는 꽃가루 화석 자료를 바탕으로 경상누층군의 지층이 쌓였던 지질시 대를 전기 백악기(1억 4500만 년 전에서 1억 년 전 사이)라고 결론지었다.

이 자료와 어울리는 약 1억 년 전의 한반도 모습은 다음과 같다.

약 1억 년 전, 우리나라는 아시아 대륙의 동쪽 가장자리를 차지하고 있었다. 하지만 땅덩어리의 모습은 지금과 달라 오늘날의 한반도 모습은 없었다. 동해와 서해도 없었고, 일본열도도 없었다. 현재의 한반도와 일본열도에 해당하는 땅덩어리는 가까이 붙어 있었고, 중국과 육지로 연결되어 있었다. 이 무렵의 우리나라 땅덩어리를 판구조론의 관점에서 그려보면, 한반도가 속했던 땅덩어리는 유라시아판의 동쪽 가장자리에 있으면서 동쪽으로 지금은 맨틀 속으로 사라진 해양판과 만나고 있었으리라 생각된다. 이 무렵 해양판이 유라시아판 밑으로 들어가면서 대륙 연안에 화산활동을 일으켰고, 그때 화산활동의 흔적은 지금 경상도 일대 곳곳에 남아 있다. 이 사라진 해양판이 유라시아 대륙을 미는 힘에 의하여 유라시아 대륙 가장자리 곳곳이 갈라져 낮은 골짜기들이 생겨났고, 골짜기에는 퇴적물이 쌓였다. 그중에서 가장 넓은 골짜기를 이루었던 곳이 현재의 경상도지방이다.

1억 년 전, 현재의 경상도지방에 있었던 이 골짜기는 지형적으로 낮았기 때문에 주변의 높은 산악지대로부터 퇴적물이 쏟아져 내려와 쌓였다. 이 퇴적물이 쌓였던 곳을 현재 우리는 경상분지慶尙盆地라고 부르고 있다. 경상분지의 가운데는 커다란 호수가 있었으리라 생각되며, 그 주변에는 건조한 평원이 넓게 펼쳐져 있었다. 이 평원은 오늘날 미국 서부에 있는 사막지대(데스밸리나 솔트레이크 같은)와 비슷한 모습이었으리라 추정된다. 이 평원에는 건조한 지역에서 자라는 풀과 나무들

그림 1-6. 백악기 당시 경상분지의 모습을 그린 모식도

이 듬성듬성 나 있었고, 곳곳에 호수로 흘러드는 작은 강들이 있었다.

지난 20여 년 동안 경상분지에서 보고된 엄청난 수의 공룡 발자국이나

익룡 발자국으로 판단해 보았을 때, 이 평원에는 공룡이 노닐기도 하고

하늘에는 익룡들이 날아다녔을 것이다. 경상분지의 서쪽에는 넓은 호

수가 펼쳐져 있었던 반면, 동쪽에서는 화산들이 곳곳에서 분출하고 있

었다(그림 1-6).

우리나라 땅덩어리의 역사를 알아내기 위해 1억 년 전으로 가는 타임

머신을 기다렸던 나는 그 시대가 예상했던 것보다 연구하기에 좋지 않다

는 것을 알게 되었다. 원래 경상분지에 일생 동안 연구할 일거리가 있을

것으로 생각했었는데, 그곳의 재료는 논문 두세 편을 쓰기에도 빠듯하였

다. 귀국하여 2년 동안은 한국동력자원연구소 연구 사업의 일환으로 대
륙붕 시추시료에 들어 있는 꽃가루 화석을 주로 분석하였으며, 남는 시
간을 이용하여 백악기 경상누층군이나 신생대층의 꽃가루 화석도 연구
하였다. 하지만 연구 진척은 전반적으로 더디었고, 화석 산출 양상이 좋
지 않았기 때문에 연구에 대한 의욕은 처음 귀국했을 때보다 많이 줄어
들어 있었다. 그 무렵, 석사과정 지도교수이셨던 김봉균 교수님의 정년
퇴임이 임박하였다. 서울대학교에서는 고생물학 분야의 교수채용 공고
를 냈고, 나는 그 공채에 지원하여 조교수로 임용되었다. 미국에서 귀국
한 지 2년 6개월이 지난 1986년 3월의 일이었다.

2장

삼엽충이 알려 준 것들

5억 년 전 세계로의 불시착

나는 삼엽충이라는 화석을 연구하는 지질학자로, "삼엽충을 요리하는 사람"이라고 말하기도 한다. 삼엽충은 캄브리아기 초에 지구에 출현하여 수천만 년 동안 지구의 바다세계를 주름잡았다. 그래서 캄브리아기를 "삼엽충의 시대"라고 부르기도 한다. 하지만 오르도비스기 이후 쇠퇴의 길로 접어들어 페름기 말(2억 5000만 년 전)에 이르러서는 지구상에서 완전히 사라졌다.

삼엽충을 만나다

1986년 3월, 모교의 교수로 임용된 것은 개인적으로 무척 영광스러운 일이었으며, 한편으로는 사그라지고 있던 연구 의욕에 다시 불을 지피는 계기가 되었다. 연구소에서 한동안 피동적인 연구 풍토에 젖어 있던 나는 무언가 자신이 하고 싶은 연구를 할 수도 있겠다는 생각에 다시 한 번 연구를 위한 각오를 다졌다. 대학에 부임한 후, 고생물학 관련 강좌를 가르치는 일 외에 첫 번째 연구과제로 퇴임하신 김봉균 교수께서 맡았던 몫을 이어 받았다. 그 연구과제는 '한반도 지각의 진화에 관한 연구'라는

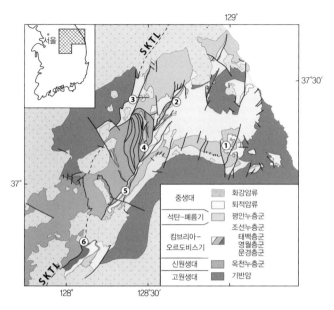

그림 2-1. 태백산분지의 지질도 조선누층군과 평안누층군이 분포한 지역이 태백산분지다.
(①태백, ②정선, ③평창, ④영월, ⑤단양, ⑥문경, SKTL: 남한구조선)

주제로 교육부로부터 5년 동안 지원받은 장기 프로젝트였다. 학과 내의
여러 교수들이 참여하고 있었고, 내가 임용되었던 1986년은 연구 3년째
접어드는 해였다.

연구지역은 강원도 남부의 태백산분지太白山盆地라고 불리는 곳이었다
(그림 2-1). 1960년대 초, 국가 주요 사업의 하나로 태백산지구 지하자원
조사가 이루어졌던 지역이다. 지질학에서 분지盆地란 어떤 특정한 시대
의 퇴적암이 두껍게 쌓인 지역을 말하며, 분지라고 부르는 이유는 퇴적
암이 마치 오목한 그릇에 담겨 있는 것처럼 보이기 때문이다. 태백산분

지는 고생대 때 퇴적물이 쌓였던 지역이며, 석회암과 석탄 등 중요한 지하자원이 매장되어 있는 곳이다. 학술적으로는 남한에서 고생대 지층이 드러나 있는 유일한 곳이기 때문에 고생대의 한반도 모습을 알아내는 데 중요한 지역이다.

김봉균 교수께서는 1차년도와 2차년도에 각각 북부지역과 동부지역을 연구하셨다. 그래서 나는 자연스럽게 남부지역을 연구하겠다는 생각에 태백산지구 지하자원 조사단이 작성한 지질도를 펼쳐들고 어느 곳을 조사하는 것이 좋을지 찾아보았다. 태백산분지 남쪽 끝부분에 있는 동점銅店이라는 지명이 눈에 들어왔다. 태백시 동점은 지질학을 전공한 대학생이라면 대학 재학 중에 반드시 한번쯤 방문하는 곳이다. 왜냐하면, 그곳에는 우리나라 고생대층이 골짜기와 강바닥을 따라 잘 드러나 있기 때문이다. 나도 대학에 들어와서 첫 야외조사를 간 곳이 동점이었다. 하지만 그때의 기억이 그다지 유쾌하지는 않다.

1968년 가을 대학 2학년 2학기 때, 나는 '야외지질학'이라는 과목의 야외실습으로 동점 일대에 분포한 고생대층 중에서 한 경계를 조사해야 했다. 지층의 경계를 추적하여 지도에 표기하는 과제로 지질학에서 가장 기초적인 지질도 작성을 연습하는 일이었다. 세 명이 한 조를 이루어 과제를 공동으로 해결해야 했는데, 우리 조는 백색 사암층과 녹색 사암층의 경계를 따라가는 일이었다. 선생님께서는 강가에 드러난 두 층의 경계를 알려 주신 다음, 그 경계를 따라가라는 말씀을 남기고 떠나셨다.

그 경계는 산기슭을 향하여 올라가고 있었다. 우리는 백색과 녹색을 구분하는 일이니까 경계를 따라가는 일은 그다지 어렵지 않으리라고 생각했다. 적어도 그 경계를 지그재그로 추적하면 절대로 놓치는 일은 없으리라 생각하고, 산 쪽으로 향했다. 약 100미터 정도 올라갔을 때, 낮은 절벽이 나타났다. 절벽을 그대로 올라갈 수 없었기 때문에 할 수 없이 절벽을 돌아 위로 올라갔다. 절벽 위에 올라가니 그곳에는 넓은 옥수수 밭이 펼쳐져 있었다. 옥수수 밭에는 암석이 드러나 있지 않았기 때문에 지층의 경계가 연장되리라고 생각되는 방향을 따라 밭을 가로질렀다.

마침 옥수수를 모두 수확하여 밭을 가로지르기는 쉬웠다. 그런데, 밭을 가로질러 산 중턱에 이르자 그곳의 암석은 온통 붉은색투성이었다. 우리가 추적해야할 백색과 녹색 사암은 보이지 않았다. 당황스러웠다. 경계가 있던 강에서 얼마 떨어지지도 않았는데, 그 연장선상에 있어야 할 지층의 경계는 없었다. 우리는 더 올라가면, 경계를 찾을 수 있을지도 모르겠다는 생각에 부지런히 산을 올랐다. 올라가면서 혹시 백색과 녹색 사암이 있는지 유심히 살폈지만, 이제는 백색과 녹색을 구분하는 일도 자신이 없어졌다. 머릿속이 온통 깜깜해지는 느낌이었다.

산꼭대기에 이르렀지만, 우리가 찾는 암석은 어디에도 없었다. 당시 그 실망감을 어떻게 말로 표현할 수 있을지……. 40여 년이 지난 지금도 나는 가끔 그때를 생각하면 아득해지는 느낌이다. 결국 우리는 그 경계를 추적하는 일을 포기하였다. 아니, 포기할 수밖에 없었다. 과연 나는 지질학을 할 수 있을까 하는 의구심마저 들었다. 나 자신에게 대한 실망 때문에 조사를 더 진행할 의욕도 없었다. 나는 같은 조의 경렬과 준하에게 "보고서는 내가 쓸 테니까 너희들끼리 조사하고 올라와."라는 말을 남기고, 그날 밤 홀로 서울로 가는 밤기차에 몸을 실었다. 서울로 돌아오는 기차는 왜 그렇게 더디던지…….

서울로 올라오자마자 조사지역에 관한 자료를 찾기 시작했다. 동점 부근에 관한 지질 자료는 무척 많았다. 그 자료를 하나하나 찾아서 우리가 조사해야할 지층에 대한 내용을 간추렸다. 며칠 후 경렬과 준하가 올라왔는데, 두 친구도 그 경계를 찾지 못했다. 나는 우리가 추적한 약 100미터의 경계만 표시한 지질도를 작성한 후, 도서관에서 찾은 자료를 참고하여 보고서를 작성하였다. 놀랍게도 우리 조는 모두 A학점을 받았다.

태백지역의 고생대층은 생성시기가 다른 두 부분으로 크게 나뉜다. 하나는 조선누층군朝鮮累層群으로 캄브리아기와 오르도비스기에 쌓인 지층이며, 다른 하나는 조선누층군 위에 놓인 평안누층군平安累層群으로 석탄기와 페름기에 쌓인 지층이다. 이해를 돕기 위해서 이들 지층을 약간 쉽게 풀어 쓰면, 조선누층군은 5억 년 전 무렵(5억 2000만 년 전에서 4억 6000만 년 전)에 서해처럼 얕은 바다에서 쌓인 지층이고, 평안누층군은 3억 년 전 무렵(3억 2000만 년 전에서 2억 5000만 년 전)에 하천과 강어귀 부근의 얕은 바다에서 쌓인 지층이다. 두 지층의 관계는 평행부정합으로 알려져 있는데, 놀라운 사실은 두 지층이 약 1억 4000만 년이라는 엄청난 시간 간격을 두고 만난다는 점이다.

그림 2-2. 퇴적층의 모습

　여기에서 몇 가지 지질학 용어를 설명하고 넘어가기로 하겠다. 퇴적암에서 볼 수 있는 가장 뚜렷한 모습의 하나는 암석이 층을 이루고 있는 점이다(그림 2-2). 층을 이루는 이유는 구간에 따라 쌓인 퇴적물의 종류가 달라지기 때문이다. 지질학에서는 비슷한 종류의 퇴적물들이 쌓여 있는 구간을 층層이라고 부르며, 보통 층의 두께는 수십 미터에서 수백 미터이다. 이러한 층들이 여러 개 모이면 층군層群이라고 하며, 층군이 여러 개 모이면 누층군累層群이라고 부른다.

　내가 지난 20여 년 동안 주로 연구했던 조선누층군은 크게 5개의 층군(태백층군, 영월층군, 용탄층군, 평창층군, 문경층군)으로 나뉘며, 그중에서 분포가 넓고 중요한 것은 태백층군과 영월층군이다. 태백층군은 다시 10개의 층(오랜 것부터 장산층/면산층, 묘봉층, 대기층, 세송층, 화절층, 동점층, 두무골층, 막골층, 직운산층, 두위봉층)으로 나뉘며, 영월층군은 5개의 층(오랜 것부터 삼방산층, 마차리층, 와곡층, 문곡층, 영흥층)으로 나뉜다.

나는 제3차년도 연구지역으로 동점 부근을 정하고, 연구할 대상을 찾았다. 동점지역의 암석은 조선누층군 중에서 태백층군에 속하며, 주로 석회암, 사암, 셰일로 이루어진다. 이 암석들의 나이는 대략 5억 살이다. 나는 이제까지 1억 년 전 식물의 꽃가루 화석을 공부해 왔는데, 5억 년 전 암석에서 연구할 수 있는 화석에는 무엇이 있을까? 식물이라고 해서 모두 꽃가루를 생산하지는 않는다. 꽃가루를 생산하는 식물에는 겉씨식물(소나무, 은행, 소철 등)과 속씨식물(꽃이 피는 식물)이 있다. 하지만 겉씨식물은 3억 년 전인 석탄기에, 속씨식물은 1억 2000만 년 전인 백악기에 이르러서야 지구에 등장하였다. 바꾸어 말하면, 5억 년 전 암석에는 꽃가루가 없고, 따라서 꽃가루를 연구할 수는 없다. 그런데 바다에 살았던 식물성 플랑크톤 중에 꽃가루와 같은 성분의 세포벽을 가지는 것이 있었다. 구성성분이 같으니까 꽃가루를 찾는 방법과 똑같은 실험을 하면 5억 년 전 암석에서 플랑크톤 화석을 찾아내는 일이 가능할 것이다.

생각이 여기에 미치자 나는 5억 년 전 식물성 플랑크톤을 연구하려는 계획을 세웠고, 1986년 봄 학생들과 함께 필드(field, 지질학자들은 야외조사를 보통 필드라고 말한다.)를 떠났다. 우선, 동점지역의 조선누층군에서 플랑크톤이 나올만한 암석을 골라 20여 개의 시료를 채집한 후, 서울로 돌아와서 실험을 서둘렀다. 그러나 시료에서 플랑크톤 화석을 찾을 수 없었다. 경상도지방의 암석과 마찬가지로 모두 새까만 부스러기만 보였다. 실망스러웠지만, 3년 전 백악기 경상누층군 암석으로부터 받았던 충격에 비하면 훨씬 가벼웠다.

1986년 가을, 나는 또 동점지역으로 필드를 갔다. 교육부로부터 연구비를 받았으니까 무언가 연구해야 한다는 스트레스가 나를 짓누르고 있었다. 강바닥을 따라 넓게 펼쳐진 암석을 자세히 관찰하기 시작하였다. 암석 표면에 다양한 모습으로 각인되어 있는 퇴적구조를 관찰하면서 자연이 빚은 아름다운 작품이라는 생각이 들었다. 문득 돌 부스러기 사이로 거무튀튀한 이상한 형태의 구조가 눈에 들어왔다. 화석임에 틀림없다. 무엇일까? 깔때기 모양인데, 이제까지 한 번도 본 적이 없는 화석이었다. 신경을 곤두세워 부근의 암석 표면을 관찰하기 시작하였다. 또 다른 것이 보였다. 무언가 오목하게 들어간 반원형의 모습이다. 그것은 삼엽충의 꼬리였다. 한두 개가 아니다. 한 번 보이기 시작하니까 제법 많이 눈에 뜨였다. 누군가 이 삼엽충 화석들을 연구했을까? 일본인 학자가 해방 전에 삼엽충을 연구했다는 이야기는 들어 알고 있었지만, 그 이후 우리나라 학자 중에 삼엽충을 전문적으로 연구한 사람은 없었다. 이처럼 삼엽충 화석이 많은데 왜 연구를 하지 않았을까? 머릿속에 이런저런 생각들로 복잡하게 맴돌았다.

며칠 더 야외조사를 한 후, 서울로 돌아오자마자 그 화석이 어떤 생물인지 확인하는 작업에 들어갔다. 오목한 반원형의 화석은 분명한 삼엽충의 꼬리였다. 자료를 조사한 결과, 동점지역 삼엽충 화석을 처음 연구한 사람은 일본 도쿄대학교 교수였던 고바야시 데이이치小林貞一였다. 고바야시는 1920년대 후반에서 1940년대 초에 걸쳐서 태백산분지 곳곳을 조사하였고, 그 연구결과의 하나로 동점지역 삼엽충 화석에 관한 논문을 1934년에 발표하였다. 그 이후, 동점지역의 삼엽충을 공부한 사람은 없었다. 그러면 지난 50여 년 동안 삼엽충에 관해서 새롭게 알려진 내용이 없었단 말인가? 50년이면 학문적으로 새로운 내용이 추가되기에 충분히 긴 기간이고, 분명 무언가 연구할 거리가 있을 텐데……. 생각이 여기에 이르자 나는 삼엽충을 연구해 보기로 마음을 먹었다.

고바야시 데이이치 교수가 우리나라의 지질학에 미친 영향은 무척 크다. 특히, 태백산분지의 고생대층과 경상도지방의 백악기 지층에서 산출되는 여러 가지 화석을 연구하여 한반도의 지질계통을 확립하는 데 크게 기여하였다. 한편으로는 일본인 학자를 높이 평가하고 싶지 않은 마음이 들기도 하지만 연구를 진행하면 할수록 그가 남긴 족적이 매우 크다는 점을 인정하지 않을 수 없었다.

고바야시 교수는 1901년 8월 31일 일본 오사카에서 태어났다. 도쿄대학교에서 학사과정과 대학원과정을 수료한 다음, 1936년에 이학박사 학위을 받았다. 1931년에서 1934년까지 3년 동안 미국 스미소니언 자연사박물관에 머물면서 고생대 화석을 집중적으로 연구하였는데, 태백지방의 삼엽충도 이 기간에 연구하여 1934년 두 편의 중요한 논문을 발표하였다. 일본으로 돌아온 고바야시는 도쿄대학교의 전임강사, 조교수를 거

처서 1944년 고생물학 교수로 임명된 후 일생을 그곳에서 보내었다.

고바야시 교수가 한국을 조사하기 시작한 때는 1926년이며, 그 후 10여 년 동안 우리나라 곳곳을 조사하였다. 그의 연구논문 중에서 무엇보다도 중요한 것은 〈남한의 캄브리아-오르도비스기 지층과 화석〉이라는 것으로 1934년 제1부를 출간하기 시작하여 1971년 제10부까지 발간하였다. 10권으로 이루어진 이 간행물은 현재 우리나라 학자들뿐만 아니라 전 세계의 고생물학자들이 삼엽충을 연구할 때 참고하는 중요한 문헌의 하나가 되었다. 물론 그의 연구방식은 고전적이었지만, 기본적으로 암석과 화석을 다루는 과학적 자세에서 본받을만한 점이 많은 학자였다.

동점지역에서 찾은 삼엽충과 다른 화석들에 대한 연구는 생각보다 힘들었다. 나는 원래 식물화석을 전공했고 그중에서도 1억 년 전 백악기 꽃가루를 전문적으로 연구하던 사람이었다. 1억 년 전 식물의 꽃가루 화석을 공부하던 사람이 갑자기 5억 년 전 동물인 삼엽충을 연구해야 했으니 그 고충이 오죽했을까? 요즈음도 이따금 그때를 회상할 때면 '호랑이 무서운 줄 모르고 덤빈 하룻강아지였구나.'하는 생각을 한다. 무엇보다도 내가 삼엽충에 대해서 알고 있던 지식이 너무 빈약했고, 삼엽충 화석에 관한 문헌을 구하기도 힘들었다. 대부분 중요한 문헌은 19세기 후반과 20세기 전반에 발간된 것들인데, 그토록 오래된 문헌을 구할 방법이 없었다. 고생물학은 다른 학문과 달리 오래된 논문일수록 중요하게 다룬다. 1980년대만 해도 서울대학교 도서관에서 그처럼 오랜 자료는 구할 수 없었다. 나에게 대학 도서관은 있으나마나였다.

한편으로는 화석을 관찰할 마땅한 현미경도 없었다. 당시 서울대학교 지질과학과에는 교육용 현미경 몇 대가 있었을 뿐이었다. 논문 작성을 위해서는 좀 더 성능이 좋은 현미경이 필요했다. 그래서 화석을 촬영하기 위해서는 전에 근무했던 한국동력자원연구소에 가서 그곳 현미경을 빌려 화석을 촬영하였다. 연구소까지 오가는 도중에 나는 이따금 '종이와 연필만 들고 할 수 있는 연구는 없을까'하고 푸념하기도 했다. 내가 연구용 현미경을 가지게 된 것은 서울대학교에 부임한 지 9년이 흐른 1995년의 일이었으니까 당시 서울대학교의 연구 환경이 얼마나 열악했는지를 단적으로 알려 주는 일화라고 하겠다.

동점지역에서 찾은 삼엽충 화석을 정리하여 1988년 대한지질학회에서 발간하는 학술지《지질학회지》에 연구결과를 발표하였다. 요즈음 그 논문을 읽어 보면 연구내용도 빈약한 데다가 시간에 쫓겨 급하게 논문을 작성하는 바람에 틀린 부분이 많다. 하긴, 그때는 연구내용이 얼마나 빈약했는지도 잘 몰랐다. 그 당시 나는 알아채지 못하고 있었지만, 그 논문은 나를 5억 년 전의 세계로 안내하고 있었다.

1986년에 삼엽충 연구를 시작하기는 했지만, 내가 삼엽충을 본격적으로 연구한 것은 두 명의 대학원생이 연구실에 들어온 1989년 이후였다. 한 사람은 김건호 군이었고, 다른 한 사람은 이동찬 군이었다. 건호는 1986년 이후 동점지역의 두무골층에서 채집된 삼엽충 화석을 체계적으로 연구하는 과제를 맡았고, 동찬은 직운산층 삼엽충의 개체발생과정(삼엽충이 알에서 깨어나 성충이 될 때까지의 과정)에 연구의 초점을 맞추었다.

이동찬 군이 삼엽충 개체발생과정을 연구하게 된 계기는 우연히 이루어졌다. 1989년 봄, 태백지방으로 필드를 갔을 때, 원래 동찬에게는 중기 오르도비스기(약 4억 6000만 년 전)의 두위봉층 삼엽충을 연구하도록 할 계획이었다. 며칠 야외조사를 하였지만, 두위봉층에서 삼엽충을 찾을 수 없었다. 하루는 오전 야외조사를 마치고, 동점 부근에 화석이 많이 나오는 나팔고개라는 곳에서 도시락으로 점심식사를 했다. 그곳의 암석은 직운산층이라고 불리는데, 화석이 많이 나오기 때문에 학생들과 함께 자주 갔던 장소였다. 화석은 많았지만, 막연히 '이곳 화석은 연구가 잘 되어 있겠지'라고 생각하여 연구대상으로 고려조차 하지 않았었다.

건호와 동찬과 함께 도시락을 먹은 후, 잠시 쉬면서 부근에 흩어져 있던 암석 부스러기들을 돋보기로 들여다보기 시작했다. 크고 작은 화석들이 무척 많았다. 그런데 돋보기 아래로 작고 예쁜 삼엽충이 들어왔다. 크기는 3밀리미터 정도로 작았지만, 삼엽충의 모습은 거의 완벽했다. 우리나라에서 이처럼 작은 삼엽충이 발견되었다는 이야기는 들어본 적이 없었다. 문득 이 작은 삼엽충을 연구해 보면 어떨까하는 생각이 떠올랐다. 동찬에게 의향을 물었더니, 한번 연구해 보겠다고 한다. 그 후 며칠 동안 우리는 직운산층에서 어린 삼엽충 화석을 찾는 데 몰두하였고, 표본을 충분히 확보했다는 확신이 서자 우리는 조사를 마치고 서울로 돌아왔다.

서울로 돌아오자마자 우리는 표본을 자세히 관찰하기 시작하였다. 그런데 현미경으로 암석을 관찰하다 보면, 가끔 이상한 화석들이 눈에 띠기도 했다. 크기는 0.5밀리미터 정도인데, 하트 모양의 기묘한 모습이다. 무엇인지 잘 모르겠다. 또 다시 문헌을 뒤지기 시작하였다. 며칠 후, 우리는 깜짝 놀랄만한 사실을 알아냈다. 그 하트 모양의 화석은 삼엽충이 알에서 막 깨어났을 때의 모습으로 어린 삼엽충이었다. 5억 년 전 암석에 남겨진 알에서 막 깨어난 어린 삼엽충을 보고 있는 느낌은 정말 묘했다(그림 2-3).

그림 2-3. 알에서 깨어난 어린 삼엽충

동찬의 연구주제는 직운산층 삼엽충의 개체발생과정으로 정해졌다. 연구 내용은 4억 6000만 년 전 태백산분지에 살았던 삼엽충이 어떻게 자랐는지 알아내는 일이었다. 어린 삼엽충이 자라면서 변하는 과정을 관찰하는 일은 무척 흥미로웠다. 애벌레에서 나비가 되는 것처럼 놀라운 변화는 아니었지만, 어린 삼엽충과 어른 삼엽충은 같은 종류라고 생각하기 어려울 정도로 달랐다. 동찬은 삼엽충이 자라는 과정을 잘 추적하였고, 어린 삼엽충을 공부하면서 우리 연구실의 삼엽충에 대한 지식은 빠르게 쌓여갔다.

이동찬 군은 서울대학교에서 석사학위를 마친 후, 캐나다 앨버타대학교에서 삼엽충 개체발생과정으로 박사학위를 취득했다. 앨버타대학

그림 2-4. 삼엽충

교로 유학을 가게 된 배경에는 그곳에 당시 삼엽충 개체발생과정 연구의 최고 권위자였던 브라이언 채터튼(Brian Chatterton) 교수가 있었기 때문이었다. 우연한 계기로 시작한 어린 삼엽충 연구는 나에게는 삼엽충 연구에 대한 기쁨을, 동찬에게는 삼엽충 개체발생 연구의 선두주자라는 결실을 가져다주었다.

삼엽충三葉虫은 절지동물 중 가장 먼저 지구상에 출현한 종류의 하나이다(그림 2-4). 삼엽충은 지금으로부터 약 5억 2000만 년 전 캄브리아기 초에 지구에 출현하여 그 후 3500만 년 동안 지구의 바다세계를 주름잡았다. 그래서 캄브리아기를 "삼엽충의 시대"라고 부르기도 한다. 하지만 오르도비스기 이후 쇠퇴의 길로 접어들어 페름기 말(2억 5000만 년 전)에 이르러 지구상에서 완전히 사라졌다.

삼엽충의 크기는 보통 수 센티미터이지만, 알에서 막 깬 것은 0.3밀리미터에 불과하며 성체 중에서 큰 것은 70센티미터를 넘기도 한다. 현재 1만 종 이상의 삼엽충이 보고되어 있다. 삼엽충은 머리, 몸통, 꼬리로 나뉘며, 배 쪽에는 촉각과 다리가 달려 있다. 머리의 구조는 매우 복잡하여 삼엽충을 연구할 때 가장 중요하게 다룬다. 몸통은 2~100개의 마디로 이루어지고, 몸을 동그랗게 움츠릴 수도 있었다. 꼬리는 반원형 또는 삼

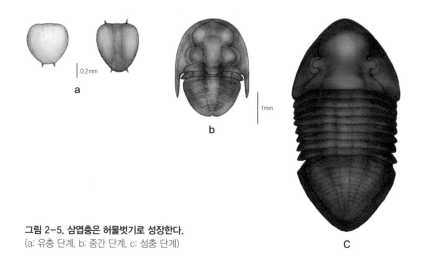

그림 2-5. 삼엽충은 허물벗기로 성장한다.
(a: 유충 단계, b: 중간 단계, c: 성충 단계)

각형이고, 가장자리는 보통 밋밋하지만 가시 모양의 돌기가 나 있는 경
우도 있다.

삼엽충은 절지동물이므로 허물벗기(탈피)로 성장한다. 이렇게 허물을
벗고 남겨진 껍질이 화석으로 남는다(그림 2-5). 허물을 벗을 때, 삼엽충
의 마디를 이루고 있던 부분들이 쉽게 떨어지기 때문에 머리, 몸통, 꼬리
가 모두 붙어 있는 상태로 발견되는 경우는 드물다. 삼엽충들은 대부분
해저를 기어 다니며 살았지만, 어떤 종류들은 물속을 떠다니기도 했다.
그러므로 삼엽충 화석을 자세히 연구하면 당시의 바다환경이 어떠했는
지, 그들이 살았던 시대는 언제였는지 그 내용을 알아낼 수 있다.

1989년은 나에게 또 다른 측면에서 삼엽충 화석 연구에 새로운 전기
를 마련해 준 해였다. 교육부 연구과제 제4차년도의 연구로 상동 부근을

조사한 다음, 마지막 5차년도 연구지역으로 영월을 선정하였다. 영월지역의 고생대 지층은 태백지역의 고생대 지층과 쌓인 양상이 다르며, 삼엽충 화석의 종류도 사뭇 다르다고 알려져 있었다. 영월의 삼엽충 화석 역시 도쿄대학교의 고바야시 교수가 연구하였는데, 그 결과는 1962년에 발표되었다. 영월의 삼엽충들은 1930년대 후반에 채집되었지만, 연구결과는 20여 년이 지난 후에야 발표한 셈이다. 나는 1988년 이따금 영월에 묵으면서 영월지역의 삼엽충을 찾기 위한 예비 야외조사를 시작하였다. 나는 짬을 내서 틈틈이 영월 일대를 조사하였지만, 삼엽충 화석을 발견할 수 없었다. 고바야시 교수는 그 많은 화석을 어디에서 찾은 걸까? 고바야시 교수의 논문에 보고된 화석들은 왜 나의 눈에 띄지 않을까? 한편으로는 나의 화석 찾는 방식이 잘못된 것은 아닌가하는 의구심이 들었다.

1988년을 아무런 성과 없이 보냈고, 1989년 4월 초 그 해의 첫 야외조사를 하기위해서 영월군 북면 마차리로 갔다. 학부 4학년 학생 한 명과 시내버스에서 내려 도로를 따라 조사를 시작하였다. 이른 봄이어서 길가에는 아직 풀이나 나뭇잎이 나오지 않았기 때문에 암석들은 잘 드러나 있었다. 도로를 따라 흐르는 하천 주변의 암석을 하나하나 관찰하였다. 조사 시작지점에서 1킬로미터쯤 내려왔을 때, 도랑 건너편에 넓게 드러난 암석이 보였다. 도랑은 건너뛰기에 약간 넓은 편이어서 그냥 지나칠까 생각했지만, 그 아래쪽으로 드러난 암석이 보이지 않았다. 그래서 도랑 건너편의 암석을 관찰하기로 하고, 하천 상류로 올라가서 좁은 여울목을 뛰어 건넜다.

그곳의 암석은 흑색 셰일과 석회암이 섞여 있는 마차리층이라고 부르는 지층이었다. 해머로 암석 한 귀퉁이를 때렸더니, 납작한 셰일 조각 하나가 떨어져 나왔다. 나는 셰일의 표면을 관찰하였다. 무언가 동그란 것이 보였다. 돋보기를 꺼내 그 동그란 물체를 관찰하는 순간, 나는 온 몸을 타고 흐르는 전율을 느꼈다. 삼엽충이었다. 지난해 그토록 찾아 헤맸건만 발견하지 못했던 삼엽충을 올해 야외조사 첫날 찾은 것이다. 나는 기쁨의 환호성을 터뜨렸다. 옆에 있던 학생은 영문을 몰라 했지만, 아마도 선생님이 무언가 중요한 것을 찾은 모양이라고 생각했을 것이다. 나는 '오늘 야외조사는 여기에서 끝'이라고 말하면서 그 부근을 체계적으로 조사할 방안을 구상했다. 그날은 하루 종일 그 자리에 머물면서 화석의 산출 양상을 조사하고 기록했다.

그 다음 날은 마차리에서 남쪽으로 2~3킬로미터 떨어진 분덕재 고개를 넘기로 하였다. 고갯마루에서 길가에 떨어져 있는 납작한 돌을 집어든 순간, 그 암석 표면에서 어제 보았던 것과 같은 종류의 삼엽충이 활짝 웃고 있는 모습을 보았다. 그날도 나는 그 자리에서 하루 종일을 보냈다. 그날 이후, 영월지역을 조사할 때마다 나는 거의 매일 삼엽충을 만났다. 영월은 정말 삼엽충 화석 천국이었다.

그로부터 1년이 지난 1990년 4월 어느 따뜻한 봄날이었다. 그날따라 연구실의 전화벨이 유난히 크게 울렸던 것으로 기억된다. 영월 부근을 조사하고 있던 대학원생 이정구군의 전화였다. 그는 상기된 어조로 마차리 부근에서 글립타그노스투스(*Glyptagnostus*)라는 삼엽충 화석을 발견했다

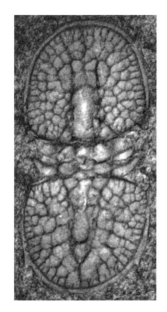

**그림 2-6. 캄브리아기 삼엽충 글립타
그노스투스 레티쿨라투스**
(*Glyptagnostus reticulatus*)

고 전해왔다. 그 순간, 정확하게 1년 전
나를 감쌌던 짜릿한 전율이 되살아났
다. 내가 오랫동안 찾고 싶어 했던 화석
이 숨어 있는 곳을 이 군이 알아낸 것이
다(그림 2-6).

이 아름답고 기묘하게 생긴 삼엽충
글립타그노스투스는 4억 9700만 년 전
무렵 세계 곳곳의 바다를 떠돌며 살았
던 생물이다. 그래서 이 삼엽충은 우리
나라뿐만 아니라 중국, 오스트레일리
아, 시베리아, 유럽, 남·북아메리카, 남
극대륙 등 거의 모든 대륙에서 발견된
다. 게다가 이들은 짧은 기간(수 10만 년
정도) 살다가 갑자기 사라졌기 때문에 이 화석이 발견되는 지층들은 거의
같은 시대에 쌓였다고 말할 수 있다. 지질학에서는 이처럼 짧은 기간에
넓은 지역에 걸쳐서 살았던 생물을 표준화석標準化石이라고 부르며, 매우
중요하게 여긴다. 어떤 지역을 조사할 때 표준화석을 찾으면 기준이 되
는 시각을 알 수 있기 때문이다.

이제 영월에서 글립타그노스투스를 찾았기 때문에 영월지역의 암석을
연구하는 데 가장 중요한 열쇠 하나를 얻은 셈이다. 글립타그노스투스는
4억 9700만 년 전에 살았던 생물이므로 영월 일대의 암석이 대부분 5억

년 전 무렵에 쌓였음을 알게 되었다. 이제 우리가 밝혀내야 할 내용은 이 암석이 어떤 환경에서 어떻게 쌓였는가 하는 점이다. 그로부터 5~6년 동안 서울대학교 고생물학 연구실에서는 영월지역의 삼엽충과 퇴적암을 조사하는 데 온 힘을 쏟았다. 그 연구결과로 지금은 영월지역에 있는 암석들의 나이를 정확히 알게 되었고, 그 암석들이 어떤 환경에서 어떻게 쌓였는지도 알게 되었다. 그리고 이제는 영월 부근의 암석이 어떤 과정을 거쳐서 지금 그 자리에 있게 되었는지도 말할 수 있다.

아마도 지질학에 대한 지식이 전혀 없는 독자는 '이 사람이 지금 무슨 뚱딴지같은 이야기를 하고 있는 거야'하고 생각할지도 모른다. 이따금 우리나라의 역사를 반만년이라고 자랑하곤 하면서도 삼국시대 이전의 역사에 대해서도 잘 모르는데, 하물며 5억 년 전의 생물과 환경이라니……. 그러면 한반도는 5억 년 전부터 지금까지 계속 그 모습을 이어왔다는 뜻인가? 5억 년이 얼마나 긴 기간인지 가늠하긴 어렵지만, 옛말에 10년이면 강산도 변한다고 했는데 강산이 5000만 번 변했다면 그 당시 한반도의 모습을 알아내는 일이 가능하기는 한 건가?

나는 원래 우리나라에 공룡이 살던 시절의 꽃가루 화석을 연구하여 1억년 전 우리나라의 모습을 알아내려고 하였다. 하지만 불행인지 다행인지 1억 년 전 우리나라의 경상도지방에 흩날렸던 꽃가루는 너무 심하게 파괴되어 그 흔적을 찾기가 어려웠다. 1986년 서울대학교에서 교육과 연구를 시작하면서 이전에는 한 번도 생각해 본 적이 없던 강원도 태백산분지의 5억 년 전 암석을 연구해야 했다. 여러 번의 시행착오 끝에 나는 삼엽충을 나의 새로운 연구대상으로 선택하였고, 삼엽충은 나를 완전히 새로운 세계로 안내하였다. 1억 년 전으로 가는 타임머신을 기다리고 있던 나는 엉겁결에 5억 년 전 세계로 가는 타임머신을 타게 되었다. 그러나 5억 년 전 세계에 불시착한 나는 지금 무척 행복하다.

지질학의 꽃, 지질도

어느 지역의 땅덩어리를 연구하기 위해서 맨 처음 해야 하는 일은 그 지역의 지질도를 그리는 일이다. 지질도를 새롭게 그리지 않는다고 해도 이미 발간된 지질도를 자신이 이해할 수 있는 형태로 재구성해야 한다. 지질도를 쉽게 설명하면, 어느 지역에 분포하는 암석을 종류와 시대에 따라 구분하여 지형도에 표시한 것이다. 지질도는 왜 만들까? 일찍이 1815년 윌리엄 스미스가 세계 최초로 지질도를 만들었을 때, 그는 암석의 분포를 잘 이해하면 광산개발이나 토목건설, 농업증진에 도움이 될 수 있다고 생각했다. 실용적인 측면에서 지금도 스미스가 생각했던 지질도의 중요성에서 크게 벗어나지 않는다. 지금 모든 나라가 국가적 차원에서 지질도를 만드는 이유는 국토 개발과 자원을 효율적으로 이용하기 위함이다. 하지만 학술적으로 지질도가 중요한 이유는 지질도에 땅덩어리의 역사가 쓰여 있다는 점이다. 지질도를 다른 말로 정의하면 땅덩어리의 역사를 그래픽으로 표현한 것으로 나는 지질도가 지질학 연구의 꽃이라고 생각한다.

국가가 주도하여 만드는 기본 지질도는 축척 1:50,000의 지형도를 이용하여 작성하는데, 우리나라의 경우 외딴 섬과 군 주둔지역을 제외하면 거의 모든 지역에 대한 지질도가 만들어져 있다. 원론적으로 지질도에는 그 지역에 분포하는 암석의 종류와 나이가 기록되어 있다. 하지만 실제로 어느 지역에 있는 암석의 종류와 생성시기를 모두 정확히 알아내기는 쉽지 않다. 그래서 지질도 중에는 좋은 지질도가 있고 나쁜 지질도도 있다. 좋은 지질도란 암석의 종류와 생성시기, 그들이 겪은 역사를 잘 표현한 것이고, 나쁜 지질도는 그 내용을 잘 표현하지 못한 것이다. 바꾸어 말하면, 어느 정도 지질학 지식이 있는 사람이 지질도를 보고 그 지역 땅덩어리의 역사를 파악할 수 있으면 좋은 지질도라고 말할 수 있지만, 지질도를 보고도 그 지역 땅덩어리의 역사를 읽을 수 없다면 그 지질도는 엄격한 의미에서 지질도라고 말할 수 없다.

나는 우리나라 지질도 중에서 상당수는 부정확한 지질도라고 생각한다. 그렇게 생각하는 근거는 내가 지난 30여 년 동안 태백산 지역을 조사하면서 겪은 경험에 바탕을 두고 있다. 일반적으로 지질학자가 어느 지역에 대한 연구를 시작할 때, 맨 처음 하는 일은 그 지역의 지질도를 찾아보는 일이다. 그런데 내가 조사했던 지역의 경우, 지층의 층서와 분포를 제대로 표현한 지질도가 드물었다.

1980년대 후반, 처음 강원도 영월지역에 대한 지질조사를 시작했을 때 참조했던 지질도는 1962년 대한지질학회에서 발간한 태백산지구 지질

도였다. 1장에서 이야기한 것처럼, 태백산지구 지질도는 1961년 5·16 군
사정변이 일어난 직후 9월에서 12월에 걸쳐 4개월 동안 집중적인 지질
조사에 의하여 작성되었다. 예전에 일본인 학자들이 조사한 자료가 부분
적으로 있기는 했지만, 단지 4개월 동안의 지질조사로 태백산 지역의 땅
덩어리 역사를 알아내는 일은 거의 불가능해 보인다. 하지만 당시 경제
개발계획을 추진해야 했던 정부로서는 태백산지구의 자원 분포를 시급
히 알아야 했기 때문에 4개월 안에 지질도를 작성하도록 요구할 수밖에
없었을 것이다. 태백산지구 지질도 사업의 영향이었겠지만, 그 후에 만
들어진 우리나라 지질도는 대부분 1년의 지질조사를 통해 작성되었다
(1990년대 이후, 조사기간이 2년으로 늘었다.). 나는 어느 지역의 지질을 제대로
이해하려면, 충분한 능력을 가진 조사자가 오랫동안 심혈을 기울여 조사
를 해야 한다고 생각한다. 적어도 1년 동안의 지질조사를 바탕으로 지질
도를 완성하는 일은 원론적으로 불가능하다.

　여기에서 우리나라 사람들의 '빨리빨리' 속성을 엿볼 수 있다. 물론 '빨
리빨리'라는 속성이 꼭 부정적인 것만은 아니다. 오히려 오늘날처럼 인
터넷이 지배하는 세상에서 '빨리빨리'는 매우 유리한 속성이기도 하다.
그렇지만, 지질도 작성에는 '빨리빨리'가 허용되지 않는다. 영국은 19세
기 초에 지질학을 탄생시킨 나라이다. 지질학이 시작된 지 200년이 넘
었고, 영국에서 최초의 지질도가 만들어진 때가 1815년이니까 지질도의
역사만 해도 200년에 가깝다. 그런데도 아직까지 영국의 지질도가 완벽
하게 발간되지 않았다고 한다. 누군가에게 들은 기억에 의하면, 영국에

서는 지질도 1매를 만드는 데 4~5년의 기간을 투자한다고 한다. 영국의 지질학자들이 우리보다 지질학 수준이 낮아서 그처럼 오랫동안 조사할까? 나는 그들이 어느 지역의 암석을 이해하는 데 적어도 몇 년의 기간이 필요하다는 사실을 잘 알고 있기 때문이라고 생각한다.

1989년 나는 4학년 학생들의 졸업논문 작성을 위한 조사 지역으로 영월지역을 정했다. 한 학생에게 길이 4킬로미터, 폭 3킬로미터의 지역을 조사구역으로 할당하여 그 구역의 지질도를 작성토록 하는 과제이다. 야외조사는 봄학기와 가을학기에 각각 일주일 동안 이루어졌다. 영월지역의 암석은 대부분 퇴적암인 석회암, 돌로스톤, 셰일로 이루어져 있다. 만일 세 종류의 암석만 가지고 지질도를 작성하려고 한다면, 암석의 종류가 너무 단순하여 지질도를 만드는 일은 거의 불가능하다. 지질도를 작성하기 위해서는 암석이 지니는 여러 가지 특징을 바탕으로 암석을 자세히 구분하고, 또 암석이 생성된 순서를 알아야 한다. 특히 영월지역은 대부분 퇴적암으로 이루어졌으니까 퇴적암에 대해서 잘 알아야 한다. 퇴적암을 조사할 때 고려해야 하는 몇 가지 중요한 관찰사항이 있다. 예를 들면, 암석의 색깔, 구성 알갱이의 크기, 구성성분, 퇴적구조, 위아래 암석들 사이의 관계, 화석의 산출 유무 등이다. 이러한 사항을 염두에 두고 암석을 관찰하면 암석을 훨씬 자세히 나눌 수 있다.

암석을 특징에 따라 자세히 구분하면 시간이 흐름에 따라 쌓인 암석의 달라진 내용을 알 수 있고, 그 내용을 충분히 이해한 후에 본격적인 야외조사를 해야 한다. 그래서 나는 조사 첫날과 둘째 날은 학생들과 함께 조사지역을 다니면서 그 지역의 암석을 익히도록 한다. 사실 맨 처음 영월지역을 조사할 때는 나 자신도 영월지역의 암석에 대해서 잘 알지 못했다. 당시 나는 1962년에 발간된 영월 지질도를 들고 다니며 암석을 관찰하였다. 처음에는 지질도의 내용이 들어맞는 듯했다. 하지만 조사를 진행하면서 어떤 암석은 왜 그 자리에 있는지 이해할 수 없는 경우에 부딪쳤다. 그러한 경우를 자주 만나면서 나의 머릿속은 점점 혼란스러워졌다. 나는 영월 지질도를 이해할 수 없었다.

그 후 나는 영월 지질도를 무시하고, 내가 관찰한 사항을 바탕으로 새롭게 조사를 진행했다. 한동안 영월지역을 학부 4학년 학생들의 졸업논문 지역으로 고집하면서 그곳의 암석을 자세히 조사해 나갔다. 몇 년에 걸쳐서 고생물학 연구실 대학원생들과 함께 암석을 분류하고 화석을 찾는 과정에서 나는 영월지역의 암석을 조금씩 이해해 나갔다. 암석이 쌓인 순서를 새롭게 정하고, 그 순서와 화석 산출을 비교하여 영월지역의 층서를 세우는 과정에서 나는 영월지역 땅덩어리의 역사를 이해할 수 있었다. 나는 영월지역의 지질도를 새롭게 그렸고(그림 2-7), 그곳에서 이해한 층서를 바탕으로 태백산분지의 하부 고생대층에 대한 층서 개념을 정리한 논문을 1998년에 발표하였다.

지질도에 관한 이야기를 이렇게 장황하게 풀어놓는 이유는 그 중요성을 강조할 뿐만 아니라 암석을 대하는 지질학자들의 자세를 대변하기 위함이다. 지질학자가 좋은 지질도를 작성하기 위해서는 오랫동안 야외조사를 하면서 그 지역의 암석에 대하여 고민을 해야 하며, 어느 정도 그

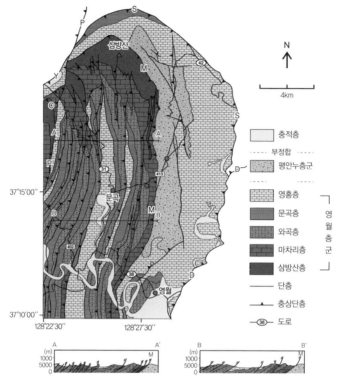

그림 2-7. 영월지역의 지질도
(C: 정곡단층, D: 덕포리단층, M: 마차리단층, P: 평창단층, S: 상리단층, Y: 연봉정단층)

지역 암석의 생성 순서와 형성 과정을 이해한 후에 본격적인 지질조사를 시작해야 한다. 그 지역의 암석이 어떤 과정을 겪어 그 자리에 있게 되었느냐를 설명할 수 없는 지질도는 엄격한 의미에서 지질도라고 말할 수 없다. 나는 우리 학계에서 한반도 형성 과정을 아직도 제대로 설명할 수 없는 이면에는 우리나라 지질도의 정확도가 떨어지기 때문이라고 생각한다. 지질도가 좀 더 정확히 만들어졌다면, 우리나라 땅덩어리의 역사를 편찬하기는 훨씬 쉬웠을 것이다.

5억 년 전으로 떠나는 동행자들

오늘날 지구상에는 수많은 생물들이 다양한 환경에서 살고 있다. 적도 부근의 열대우림, 북극과 남극의 얼음 속, 태평양 깊은 바다, 그리고 섭씨 100도를 넘는 뜨거운 온천물 속에도 생물들은 살고 있다. 생물의 종류는 지역에 따라 크게 다르다. 같은 바다에서도 장소와 수심에 따라 사는 종류가 다르다. 옛날에도 지역이나 수심에 따라 사는 생물들의 내용이 달랐을 것이다. 따라서 이와 같은 생물분포의 특성을 잘 이해하면, 수만 년 전 또는 수억 년 전의 지구 모습을 그리는 일이 가능하다.

지금 우리 한반도는 아시아 동쪽 끝자락의 중위도 지방에 자리하고 있다. 하지만 그동안의 연구에 의하면, 5억 년 전에는 우리나라 땅덩어리가 적도 부근에 있었던 것으로 알려져 있다. 내가 연구해 왔던 삼엽충 화석도 이러한 결론을 지지해 준다. 그런데, 당시 우리 땅덩어리는 지금과 같은 반도의 모습이 아니라, 크게 두 부분으로 나뉘어 대부분은 북중국과 연결되어 있었고, 한반도의 중부지역은 남중국과 한 덩어리를 이루고 있었다. 물론 당시 지구의 대륙 분포는 지금과 사뭇 달랐다(4장 참조).

1990년대 초반 삼엽충 화석 연구를 통해 강원도 태백산분지 암석의 지질시대가 정확히 밝혀졌고, 5억 년 전 한반도를 이루고 있는 땅덩어리들이 어디에 있었는지도 드러났지만, 그래도 알기 어려웠던 내용은 그 각각의 땅덩어리에서 당시에 어떤 일들이 벌어지고 있었느냐하는 점이었다. 이 문제를 풀기 위해서는 퇴적암 자체를 전문적으로 연구하는 학자들의 도움이 필요했다.

나는 같은 학부의 퇴적학 전공 조성권 교수에게 태백산분지를 함께 연구해보자고 제안했다. 하지만 당시 조 교수는 경상도지방의 백악기 경상누층군에 대한 연구에 몰두해 있었다. 앞에서 이미 설명한 것처럼 경상누층군은 약 1억 년 전 사막과 호수, 화산이 어우러진 지역에서 쌓인 지층으로 5억 년 전 얕은 바다에 쌓였던 태백산분지의 지층과는 암석의 종류나 쌓인 방식이 완전히 달랐다. 조 교수도 태백산분지에 대한 관심은 많았지만, 그 당시 곧바로 연구에 뛰어들 준비는 되어 있지 않았었다. 그러던 차에 1996년 한국고생물학회의 추계 학술답사를 영월에서 개최하기로 되어 있었는데, 그 학술답사의 안내를 내가 맡게 되어 조 교수에게 함께 갈 것을 권유했다.

1996년 11월 1일, 나는 조 교수와 함께 영월로 갔다. 저녁식사 후에 있었던 세미나에서 나는 참가자들에게 그동안 조사했던 영월지역의 지질과 층서, 그리고 화석을 소개하였다. 이튿날 야외에서 암석을 관찰할 때, 나는 조 교수의 암석 관찰 방식과 태도에 신선한 충격을 받았다. 그동안 야외조사를 할 때 나는 주로 화석을 찾는 데만 몰두했었다. 그런데, 조 교수는 암석에 남아 있는 희미한 구조들을 세심히 관찰하였다. 단지 관찰에 그치는 것이 아니라 그러한 구조가 생성될 수 있는 다양한 가능성을 생각하고 토론하는 방식이었다. 나는 예전에 암석을 그처럼 자세히 관찰하고 생각해 본 적이 없었다. 아니 나에게는 암석을 그처럼 자세히 관찰할 수 있는 능력이 없었다고 말하는 것이 더 솔직한 표현이리라……. 우리는 한 암석 앞에 서서 그곳에 남아 있는 퇴적구조를 보며, 시간가는 줄 모르고 질문과 토론을 이어갔다. 그날 모임은 정말 유익하고 즐거웠다. 그날 이후, 우리는 함께 영월과 태백지방을 조사하였고, 연구지역을 중국 산동으로 넓혀 연구하게 되었다.

사람은 성장하는 과정에서 많은 사람으로부터 배우고 영향을 받는다. 어떤 사람을 만났느냐에 따라 사람의 미래는 크게 달라질 수 있다. 아주 어렸을 적을 제쳐두고라도 나는 무척 운이 좋은 사람이라는 생각을 한다. 대학에서 김봉균 교수님을 만나 고생물학이라는 흥미로운 학문에 입문하였으며, 미국 유학시절에는 사려 깊은 지도교수 트레버스를 만나 큰 어려움 없이 학위를 마칠 수 있었다.

보통 배움은 박사학위를 받는 것으로 끝난다고 생각한다. 그래서 일반적으로 대학교수가 된 후에는 다른 사람으로부터 배운다는 것에 익숙지 않다. 실제로 새로운 것을 배울 기회도 많지 않다. 항상 자신이 연구하는 주제만 생각하고 주변 일은 거들떠보지 않기 때문이다. 나의 경우도 예외는 아니었다. 대학교수가 된 후 대부분의 시간을 대학원생들과 함께 보냈는데, 항상 삼엽충에 관한 내용에만 촉각을 곤두세웠을 뿐 다른 분야의 연구에 대해서는 깊이 생각해 본 적이 없었다. 그런데, 조 교수와 함께 야외조사를 하면서 새로운 것을 많이 배웠다. 암석을 관찰하는 방법뿐만 아니라 대학교수로서 학생들을 지도하고 양성하는 자세도 배웠다. 누군가가 불혹의 나이를 넘어 가장 많은 가르침을 준 사람이 누구냐고 묻는다면 나는 주저하지 않고 조 교수라고 말할 것이다.

조 교수는 나의 대학 3년 선배이다. 내가 대학 1학년 때 조 교수는 4학년이었으니 개인적으로 잘 알지는 못했다. 조 교수는 대학 졸업 후 당시 2학년이었던 우리의 고생물학 실험시간에 조교로 잠깐 들어온 적이 있었고, 그 다음에 만난 것은 10년이 지난 후 캐나다 유학에서 돌아온 조 교수가 당시 해양학과 조교수로 부임한 1978년이었다. 나는 그때 지질학과 박사과정에 있었고, 조 교수는 해양학과 소속이었으니까 거리감을 느끼기는 마찬가지였다. 1986년 내가 지질과학과(1982년 지질학과의 명칭이 지질과학과로 바뀌었다.)에 부임해서도 소속학과가 달랐을 뿐만 아니라 연구실도 멀리 떨어져 있었고, 연구 분야와 지역도 달랐기 때문에 서로 가까워질 틈이 없었다.

1996년 영월지역 학술답사를 계기로 조 교수와 나는 함께 있는 시간이 많아졌다. 영월과 태백을 찾는 빈도도 늘어났고, 학교에서도 항상 연구에 관한 이야기를 이어갔다. 1997년에는 우리나라의 고생대층을 좀 더 자세히 알아보자는 취지에서 한국과학재단에서 지원하는 프로그램의 하나로 '고생대층서연구회'를 조직하였다. 고생대층서연구회는 30명의 관련 전문가들로 구성되었으며, 매년 300만 원씩 3년 동안 지원받는 프로그램이었다. 나는 연구회 회장으로 우리나라 곳곳에 있는 고생대층을 답사하며 암석의 생성과정에 관하여 토론하는 형식으로 연구회를 꾸려갔다. 2000년에 끝난 고생대충서연구회는 지원액은 적었지만 정말 알찬 모임이었다. 마지막 모임에는 전국에서 무려 60여명의 교수와 학생들이 참가하여 성황리에 연구회의 활동을 마칠 수 있었다.

고생대충서연구회 활동 중, 조 교수와 나는 항상 함께 움직였다. 연구회는 주로 주말에 모였기 때문에 답사지역으로 갈 때나 서울로 돌아올 때 우리는 차 속에서 보내는 시간이 무척 많았다. 자연스럽게 많은 이야기를 나누게 되었는데, 연구에 관련된 내용뿐만 아니라 그동안 살아온 이야기, 집안 이야기 등등 온갖 이야기가 오고갔다. 이 과정에서 나는 조교수를 더 잘 알게 되었고, 개인적으로도 더 많은 것을 배우게 되었다. 그래도 우리 이야기의 중심은 대부분 우리나라 땅덩어리가 어떤 과정을 겪어 현재와 같은 모습을 갖추게 되었을까하는 내용이었다. 우리는 토론을 하면서 한반도를 찢었다 붙였다 하고, 여러 가지 가설을 세우기도 하고 부수기도 하였다. 우리나라를 북중국에 붙이기도 하고, 남중국에도 붙여 보면서 어떤 가설이 가장 그럴듯한지 의견을 주고받았다.

지질학의 매력은 다양한 생각을 허용하는 점이다. 지질학은 관찰한 사실을 바탕으로 과학적 논리를 전개해 나가는 독특한 학문이다. 그러므로 다양한 답이 나올 수 있다. 수학이나 물리학처럼 답이 하나인 경우는 드물다. 사실 답(또는 참)은 하나이겠지만, 우리가 알고 있는 지식의 한계 때문에 다양한 답을 인정할 수밖에 없다. 과학은 참을 알아내어야 하는 속성이 있지만, 현재 우리가 행하는 과학적 활동의 대부분은 참에 접근해

가는 과정이라고 말할 수 있다. 어떤 경우에는 참에 도달하고도 자신이 참에 도달했는지 모를 때도 있을 것이다. 먼 훗날, 우리의 후손들이 우리들의 연구결과에 대해서 이러한 점에서 옳고 저러한 점에서 틀렸다고 평가할 것이다. 지금 우리가 선배 학자들의 연구내용을 가지고 왈가왈부하는 것처럼⋯⋯. 조 교수와 나는 몇 년에 걸친 태백산분지의 조사를 바탕으로 5억 년 전 우리나라 모습을 그려냈다. 물론, 조 교수와 나의 생각이 항상 일치했던 것은 아니지만, 우리는 서로의 생각을 존중하면서 앞으로 해야 할 연구에 대한 계획을 세워나갔다.

2000년 봄, 태백 동쪽에는 어떠한 암석이 분포하는지 알아보기 위해서 조 교수와 나는 대학원생들과 함께 427번 지방도로를 따라가면서 암석을 관찰하였다. 동활계곡으로 불리는 곳으로 행정구역으로는 삼척시 가곡면에 속한다. 골짜기를 따라 병풍처럼 드리워진 절벽과 그 사이를 뚫고 지나가는 도로가 절묘한 조화를 이루어 마치 한 폭의 동양화를 걸어 놓은 듯 무척 아름다운 곳이었다. 게다가 외진 곳이었기 때문에 사람들의 왕래가 드물어 자연이 잘 보존되어 있었다. 아름다운 자연을 공부하며 자연과 함께 호흡하고 있다는 생각에 '지질학을 전공으로 택한 것은 정말 잘한 일이야'하고 속으로 흐뭇해하면서 도로와 골짜기에 드러난 암석들을 하나하나 관찰해 나갔다.

차를 몰아 풍곡이라는 마을을 지나 확장공사가 진행 중인 도로에 접어들었다. 깊은 산 속을 향해 뚫린 넓은 도로를 달리며, '이렇게 외진 곳에 이처럼 넓은 도로가 필요할까'하고 한편으로는 궁금해 하면서 차를 고갯

그림 2-8. 석개재 도로변에 드러난 오르도비스기 직운산층

마루를 향해 몰았다. 거의 정상 부근에 도착하여 넓게 드러난 깨끗한 석
회암을 보는 순간 나는 약간 흥분되었다. 지금 앞에 보고 있는 이 암석은
어쩌면 아직 학계에 보고되지 않은 새로운 암석이거나 아니면 내가 그동
안 연구해 왔던 석회암이라고 해도 새로운 내용을 담고 있으리라는 기대
감 때문이었다. 잠시 후, 도로변의 암석을 관찰한 우리는 그동안 연구해
왔던 오르도비스기 석회암이라는 것을 알게 되었다.

지형도를 펼쳐들고, 고개의 위치를 찾았다. 강원도 삼척시와 경상북도
봉화군이 만나는 석개재라는 고개였다. 대관령에서 남쪽으로 길게 뻗은
태백산맥에서 소백산맥이 갈라져 나가는 부근이다. 석개재 정상에서 남

쪽으로 굽이굽이 돌아가는 산림도로를 따라 조사를 계속하였다. 남쪽으로 감에 따라 암석의 나이는 점점 많아졌다. 고개 꼭대기 암석의 나이는 약 4억 7000만 살이었는데, 약 2킬로미터쯤 내려가서 오르도비스기와 캄브리아기의 경계(약 4억 8500만 년 전)를 만났고, 3킬로미터를 더 내려가 우리나라의 캄브리아기 지층 중에서 가장 오랜 지점(약 5억 2000만 년 전)에 도착하였다. 5킬로미터를 걸어 5000만 년의 시간을 지난 셈이니 이곳에서는 1미터 걸을 때마다 1만 년의 세월이 흘렀다고 말할 수 있다.

석개재에서 캄브리아-오르도비스기 지층을 찾을 수 있었던 것은 나에게 큰 행운이었다. 태백지역을 오랫동안 조사하였지만, 암석과 화석의 보존 상태가 석개재 지역처럼 좋았던 곳은 없었기 때문이다. 이곳의 지층은 조선누층군 중에서 태백층군에 속한다. 그동안 석개재의 캄브리아-오르도비스기 태백층군을 연구하여 발표된 논문의 수가 20편이 넘었고 아직도 연구꺼리가 남아 있으니, 석개재는 우리나라 캄브리아-오르도비스기 연구의 보물 창고였던 셈이다.

나의 멘토: 파머와 셔골드

1980년대 후반, 삼엽충을 연구하기 시작했을 때 가장 힘들었던 점은 예전에 세계 곳곳에서 발간되었던 삼엽충 관련 논문들을 구하는 일이었다 (지금은 서울대학교의 중앙도서관 시설이 좋아 참고문헌을 구하는 일이 무척 쉽다.). 당시 나는 옛날 논문을 구하기 위하여 두 가지 방법을 이용하였다. 하나는 논문을 쓴 당사자들에게 논문 별쇄본을 보내달라는 방법이고, 다른 하나는 옛 문헌을 전문적으로 취급하는 회사로부터 구입하는 방법이다.

유럽에는 옛 문헌만 전문적으로 취급하는 회사가 여러 개 있다. 나는 그중에서 영국과 네덜란드에 있는 두 회사에 회원으로 가입하여 그들의 소장목록을 정기적으로 받았다. 그 회사에서 새로 구입했거나 소장 중인 문헌목록을 정기적으로 보내 주면, 나는 곧바로 필요한 문헌을 골라서 구입 의사를 밝혔다. 왜냐하면, 귀한 문헌은 금방 팔려나가기 때문이다. 삼엽충 연구를 시작하여 첫 5년 동안은 이러한 방식으로 문헌을 구입하는 데 많은 노력을 기울였다. 이따금 1800년대에 발간된 귀한 논문을 구입하기도 하였는데, 그때의 기쁨은 야외에서 좋은 화석 찾을 때와 버금간다. 그러한 노력의 결과, 지금 서울대학교 고생물학 연구실은 삼엽충 화석을 연구하기에 충분한 문헌을 소장하게 되었다.

단행본이나 아주 오랜 논문을 구할 때는 고문헌 전문회사를 통해야 하지만 짧은 논문이나 최근에 발간된 논문의 경우는 논문을 발표한 학자에게 편지를 보내어 논문을 구한다. 내가 연구를 시작할 무렵, 세계 각국으로부터 많은 학자들이 자신들의 논문을 보내 주었는데, 그중에서 특히 두 사람의 도움이 컸다. 한 사람은 오스트레일리아의 존 셔골드(John Shergold) 박사이고, 다른 한 사람은 미국의 앨리슨 파머(Allison Palmer) 박사이다.

셔골드는 오스트레일리아 지질조사소에 근무하면서 주로 캄브리아기 삼엽충을 연구하던 학자였다. 내가 연구했던 영월지역 삼엽충은 오스트레일리아의 삼엽충과 같은 종류가 많았고, 따라서 우리나라 삼엽충 연구에 오스트레일리아의 삼엽충 정보는 매우 중요하였다. 그에게 편지를 보내어 태백산분지의 삼엽충 연구를 시작했다고 하니까 그는 자신이 발표한 모든 논문과 그가 소장 중이었던 여벌의 문헌들을 보내 주었다. 1993년 초에는 프랑스 회의에 참가했다가 오스트레일리아로 돌아가는 길에 일부러 서울에 들러 우리의 연구 모습을 직접 보고가기도 하였다. 1996년 셔골드는 국제 캄브리아기 층서위원회(International Subcommission on Cambrian Stratigraphy) 회장으로 선임되어 2004년까지 활동했었다. 2000년 오스트레일리아 지질조사소에서 은퇴한 후에는 프랑스의 한적한 시골에 정착하여 부근에 있는 대학의 삼엽충 전공교수와 공동연구를 계속하다가 2005년 타계하였다.

셔골드 외에 나의 삼엽충 연구에 무엇보다도 큰 도움을 주었던 분은 파머 박사였다. 그는 1950년 20대 초반에 미네소타대학교에서 삼엽충 화석 연구로 박사학위를 받은 후, 미국 지질조사소의 연구원으로 활동하면서 미국 서부 그레이트베이슨(Great Basin) 지역의 삼엽충 화석을 새롭게 소개하는 업적을 남겼다. 그 후, 뉴욕주립대학교의 교수로 재직하다가 1980년에는 미국지질학회 100주년 기념 사업의 총책임자로 봉사하였다. 지금 80대 중반의 노인임에도 불구하고, 아직도 연구와 사회봉사에 적극적으로 참여하고 있다.

내가 파머와 가까워진 계기는 내가 쓴 논문의 하나가 그의 종전 해석을 부인하는 내용을 다룬 데서 출발하였다. 1993년 나는 이정구 군과 함께 영월에서 찾은 삼엽충 글립타그노스투스를 연구하여 《미국 고생물학회지》에 투고하려고 준비하고 있었다. 우리가 내린 결론의 하나가 파머의 해석이 틀렸음을 지적하는 내용이었기 때문에 나는 논문을 투고하기 전에 파머의 의견을 듣고 싶었다. 그래서 원고를 작성한 후 파머에게 보냈더니 그는 곧바로 답장을 보내왔다. 그는 논문을 세심히 읽고, 우리의 연구내용을 치하하면서 우리의 결론에 대한 자신의 의견을 첨부하였다. 파머의 긍정적 평가에 자신을 얻은 우리는 원고를 투고하였고, 그 논문은 1995년에 발간되었다.

내가 파머를 직접 만난 것은 1997년 캐나다 브록대학교에서 열렸던 제2차 국제삼엽충학회에서였다. 내가 국제삼엽충학회에 처음 모습을 드러내는 회의였기 때문에 개인적으로 무척 긴장하고 있었다. 회의장인 브록대학교에 1997년 8월 21일 오후에 도착하여 숙소에 짐을 풀고 회의 등록장소로 갔다. 등록장 옆에 마련된 간단한 연회장에는 이미 먼저 도착한 사람들이 삼삼오오 모여 담소하고 있었다. 등록을 끝낸 후, 나는 대학원생들(이정구, 김건호, 이동찬)과 함께 약간 어두운 연회장 안으로 들어서면서 어색한 분위기를 어떻게 극복할까 하고 내심 걱정하고 있었다. 그때, 멀리서 나를 알아본 셔골드가 다가왔다. 인사를 하고 나서 파머 박사는 어디 있느냐고 물었더니 셔골드는 나를 끌고 파머에게로 갔다. 셔골드가 나를 소개하자 파머는 마치 십년지기를 만난 것처럼 나를 반겨 주었고, 그의 친절함에 나의 긴장감은 사그라졌다.

내가 파머와 더욱 가까워진 것은 그로부터 몇 개월 지난 후였다. 캐나다에서 돌아온 나는 파머가 당시 개인적으로 운영하고 있는 캄브리아기 연구소(Institute for Cambrian Studies)에서 연구 경험을 쌓기로 하고 학교에 방문신청을 하였는데, 다행히 승인되었다. 그래서 1998년 1월 초부터 2월 중순까지 6주 동안 미국 콜로라도주 볼더(Boulder)에 있는 캄브리아기 연구소에 체류할 수 있었다. 연구소라고 하지만 파머의 개인 저택 1층에 자리한 소박한 연구소였다. 나는 그곳에 머물면서 파머가 소장하고 있는 삼엽충 표본들을 관찰하고, 그의 실험방법을 배웠으며, 거의 매일 우리나라 삼엽충과 관련된 문제점을 파머와 토론하였다.

파머와의 토론은 나의 연구방향을 새롭게 정하는 데도 많은 도움이 되었지만, 무엇보다 큰 도움이 되었던 것은 그가 소장하고 있던 문헌 중에 여벌의 논문을 모두 한국으로 가져가라고 배려해 준 점이었다. 놀랍게도 그중에는 내가 오랫동안 가지고 싶어 했던 논문(특히 중국과 러시아에서 오래 전에 발간되었던 문헌)이 많았다. 그밖에 중요한 논문은 밤을 새워 복사하였다. 여기에 덧붙여 덴버에 살고 있던 그는 친구 로스(Reuben Ross) 박사에게도 남는 논문이 있으면 나에게 주라고 부탁까지 해 주었다. 그 덕분에 2월 중순 귀국할 때 나는 커다란 가방 네 개를 들고 와야 했고, 그중 세 개는 모두 논문과 책으로 꽉 채워져 있었다.

캄브리아기 연구소에 있으면서 얻은 또 다른 수확은 그 해 가을 스웨덴에서 열릴 예정인 국제 캄브리아기 층서위원회 학술회의에 관한 소식을 접하게 된 점이다. 국제 캄브리아기 층서위원회 학술회의는 1995년부터 시작되었으며, 1998년은 4번째 열리는 회의였다. 나는 귀국 후 회의를 주관하는 스웨덴 룬드대학교의 알버그(Per Ahlberg) 박사에게 회의 참가신청서를 보냈고, 그해 여름 스웨덴의 캄브리아기 지층을 답사할 수 있었다. 그때 이후, 나는 매년 국제 캄브리아기 층서위원회 학술회의에는 꼭 참가하고 있다. 1999년에는 미국 서부 사막지대, 2000년에는 아르헨티나의 4,000미터에 이르는 고지, 2001년에는 중국 귀주성과 운남성, 2002년에는 남부 프랑스, 2005년에 중국 시안, 그리고 2006년에는 오스트레일리아를 섭렵하면서 세계 곳곳에 퍼져 있는 캄브리아기 지층에 대한 지식을 늘려갔다. 국제 캄브리아기 층서위원회 학술회의는 내가 가장 좋아하는 회의이다. 왜냐하면, 회의 참가자들이 대부분 삼엽충을 연구하는 사람들이니까 서로의 관심사가 같고, 또 1년에 한 번 만나니까 마치 오래 떨어져 있던 가족을 만나는 느낌이 들기 때문이다.

지난 20여 년 동안 서울대학교 고생물학 연구실에서는 주로 캄브리아기 삼엽충 화석을 연구하였다. 그 결과 한국에서 삼엽충 화석 연구가 활발히 이루어지고 있다는 사실이 국제적으로도 어느 정도 알려지게 되었다. 그에 대한 보상이었는지 나는 2002년 국제 캄브리아기 층서위원회의 상임위원으로 선임되어 캄브리아기 층서에 관한 제반사항을 결정할 때 투표권을 행사할 수 있게 되었다. 상임위원에는 현재 캄브리아기를 활발히 연구하는 19명의 학자들이 선임되어 있는데, 그들의 소속을 나라별로 보면 독일 1명, 스웨덴 2명, 미국 3명, 영국 1명, 한국 1명, 카자흐스탄 1명, 오스트레일리아 2명, 러시아 3명, 스페인 2명, 중국 3명이다. 개인적

으로도 무척 영광스럽지만, 무엇보다도 우리의 연구능력을 국제적으로
인정받았다는 점이 기뻤다.

KOREA 2004

나는 1998년 이후 국제 캄브리아기 층서위원회 학술회의에 매년 참가하
면서 세계 곳곳의 캄브리아기 지층에 관한 지식을 넓혀갔다. 다른 나라
의 캄브리아기 지층을 답사하면서 나는 우리나라의 캄브리아기 지층도
국제 학계에 소개해야겠다는 생각을 하게 되었고, 국제 캄브리아기 층서
위원회에 2004년 학술회의를 한국에서 개최하겠다는 뜻을 밝혔더니 다
행스럽게도 승인되었다.

  2004년 9월 중순, "KOREA 2004 – Cambrian in the Land of Morning
Calm"로 이름 붙여진 학술회의가 열렸다. 이 회의의 공식 명칭은 제9
차 국제 캄브리아기 층서위원회 학술회의(IX International Conference of the
Cambrian Stage Subdivision Working Group)였으며, 나는 학술회의의 조직위원
장으로 회의를 준비하고 이끌었다. 회의는 9월 15일에서 9월 22일까지 7
박 8일의 일정으로 진행되었는데 중국(9명), 미국(7명), 독일(3명), 스웨덴(3
명), 폴란드(3명), 호주(2명), 프랑스(2명), 영국(1명)에서 30여 명의 외국인
학자들이 참여하였고, 한국에서는 관련학자와 대학원생 20여 명이 참가
하였다.

9월 15일 모든 외국인 참가자와 국내 참가자들은 인천국제공항 부근의 호텔에 모였다. 저녁식사를 리셉션 형식으로 준비하여 처음 만나는 사람들이 얼굴을 익히는 자리를 마련하였다. 9월 16일 아침, 인천국제공항을 떠나 태백으로 향하였다. 전날 비가 내려 내심 걱정했지만, 다행히 비가 그쳐 아름다운 우리의 산야를 더욱 돋보이게 만들었다. 태백으로 가는 도중, 이천에 들러 도자기 마을을 구경하고 부근의 한식당에서 돌솥밥으로 점심을 먹었다. 점심식사 후, 영월을 지나 태백에 도착한 때는 오후 5시 무렵이었다. 스카이 호텔이라는 당시 새롭게 문을 연 호텔이었는데, 한꺼번에 많은 외국인을 맞이하는 일이 처음이었기 때문이겠지만 모든 것이 어설펐다. 방 배정이 끝난 후, 저녁에 태백시장(홍순일)이 주관하는 리셉션이 예정되어 있었기 때문에 곧바로 저녁식사 장소(석탄박물관 입구의 한국관)로 이동하였다. 황토로 지은 한식집으로 넓고 독특한 분위기로 꾸며져 외국인들에게는 새로운 경험이었을 것이다. 홍 시장님의 간단한 인사말과 함께 불고기를 곁들인 식사는 한식의 특징을 보여 주기에 충분하였다.

9월 17일 아침, 날씨는 화창했다. 호텔을 떠나 첫 답사지역인 석개재 정상에 도착한 것은 9시 30분경이었다. 그동안의 연구에 따르면, 석개재 단면은 우리나라에서 태백층군이 가장 잘 드러난 곳이다. 석개재 정상까지는 버스로 갈 수 있었지만, 정상에서 남쪽으로 이어지는 산림도로는 길이 좁아 작은 차로 이동해야 했다. 먼저 나이가 많은 분들을 태우고, 선캄브리아-캄브리아기 경계 지점에 도착하였다. 첫 번째 관찰지점

그림 2-9. 2004년 9월 한국에서 열린 국제 캄브리아기 층서위원회 학술회의 'KOREA 2004'의 야외 학술답사 도중 석개재 임도에서 기념사진을 찍었다.

인 Stop 1에는 태백지역에서 가장 오랜 캄브리아기 지층으로 자갈을 포함한 사암으로 이루어진 면산층이 있는 곳이고, Stop 2인 대기층 하부에서는 온콜라이트(oncolite)와 우이드(ooid)로 이루어진 석회암과 함께 산출되는 삼엽충을 관찰하였다. Stop 3은 화절층이 잘 드러난 지역으로 암석과 화석을 관찰한 후, 참가자들은 암석 위에 흩어져 기념사진을 찍었다. 그곳에서 김밥과 피자(태백시에 있는 피자집에서 석개재 산꼭대기까지 피자를 배달시켰는데, 그 모습을 본 외국인들은 놀랍다는 반응이었다.)로 점심식사를 했다. 이어서 Stop 4에서는 동점층 하부의 삼엽충 산출 양상을 바탕으로 캄브리아-오르도비스기 경계에 대한 논의를 하였다. Stop 4와 Stop 5는 멀리 떨어져 있고 9월 중순의 날씨로는 무척 더웠지만, 맑은 하늘과 아름다운 풍경에 대부분의 참가자들은 걷는 것을 오히려 즐거워했다. Stop 5는 두 무골층 상부에 있는 해면동물이 만든 생물초生物礁로 우리나라에서 발견된 것 중에서 가장 완벽한 생물초다. 첫날 학술답사의 마지막 관찰 지점인 Stop 6는 직운산층의 암상과 화석 관찰이 초점이었는데, 참가자들 대부분이 삼엽충 전공자들이었기 때문인지 암상에 대한 토론보다는 화석 찾기에 더 열심이었다. 저녁식사는 태백의 전통 음식을 소개하는 너와집에서 하였다. 바닥에 앉아야 하는 불편함에도 불구하고, 참가자들은 모두 즐거운 시간을 보냈다. 저녁식사 후에는 호텔 앞마당에 대학원생들이 즉흥적으로 준비한 캄브리아기 바(Cambrian Bar)에서 실비로 맥주를 제공하여 참가자들은 저녁 늦게까지 즐겁게 담소하며 우의를 다졌다.

  그날 밤 세차게 내리는 소나기 소리에 다음 날의 야외답사가 걱정스러웠다. 9월 18일 오전에는 학술답사를, 오후에는 학술발표가 예정되어 있었다. 아침에도 비는 계속 주룩주룩 내렸지만, 예정대로 Stop 7을 향하여 출발하였다. Stop 7은 철암천을 따라 드러난 면산층과 장산층의 차이를 잘 보여 주는 지점인데, 비가 내려 면산층에 접근하는 것이 위험하다고 판단하여 장산층만 관찰하기로 계획을 바꾸었다. 그러나 미국 오하이오주립대학교에서 온 제임스 존(James St. John)이 면산층을 꼭 봐야겠다고 고집해 일부 참가자들과 함께 강 가장자리를 따라 관찰 지점으로 접근을 시도하였다. 그러나 진입로가 미끄러워 결국 중도에 포기하였다. 비는 부슬부슬 내렸지만 답사를 계속하였다. Stop 8에서는 동점역 앞을 흐르는 철암천을 따라 노출된 화절층 최상부, 동점층, 두무골층을 관찰하였고, Stop 9에서는 구문소 주변에 잘 드러난 막골층의 퇴적구조에 초점을 맞추었다. 비가 암석을 깨끗이 씻어 주었기 때문에 오히려 퇴적구조를 관찰하는 데 도움을 주었다.

점심식사 후에 태백석탄박물관에서 제1차 학술발표회를 열었다. 총 10편의 논문이 발표되었고, 열띤 토론이 이어졌다. 다행스럽게도 논문 발표 중에는 비가 억수같이 쏟아졌지만, 학술발표회가 끝날 무렵에 하늘은 맑게 개었다. 저녁식사는 태백 시내에 있는 연탄에 소고기를 굽는 토속식당에 차려졌다. 식당 뒷마당에 마련한 자리에 삼삼오오 모여 앉아 연탄불 위에 지글거리는 고기를 구워먹던 모습을 이 모임에 참가했던 사람들은 아마도 오랫동안 기억하리라 믿는다. 저녁식사 후에는 전날과 마찬가지로 캄브리아기 바를 운영하여 한국에서의 멋진 추억을 만들도록 유도하였다.

9월 19일 아침, 하늘은 구름 한 점 없이 맑게 개었다. 버스는 영월로 향했다. 가는 도중에 만난 Stop 10은 태백층군과 영월층군을 나누는 덕포리단층(예전에 각동단층으로 알려져 있었다.)을 관찰하는 일이다. Stop 11은 영월에서 마차리로 넘어가는 분덕재 고개다. 이곳은 영월에서 가장 중요한 단층의 하나인 마차리단층을 관찰할 수 있고, 아울러 단층 윗부분에 드러난 마차리층에서 캄브리아기 후기의 시작을 알려 주는 표준화석 글립타그노스투스(그림 2-6)를 쉽게 찾을 수 있는 장소이기도 하다. 참가자들은 화석찾기에 몰두하였고, 참가자 중 당시 77세로 가장 연장자이며 미국고생물학회장을 역임한 파머 박사가 글립타그노스투스로는 엄청나게 큰 표본(길이 15밀리미터)을 찾아 우리를 놀래켰다. 나는 그에게 표본을 기증해 줄 것을 요청하였고, 그는 기꺼이 그 표본을 나에게 주었다.

9월 19일은 마침 일요일이었기 때문에 텅 빈 공기초등학교 교정에서 점심식사를 한 후, 오솔길을 따라 Stop 12를 향해 15분가량 걸었다. 공기리 뒷산에 있는 Stop 12는 후기 캄브리아기 삼엽충 화석이 많이 산출되는 곳으로 자세한 연구가 이루어졌다. 따라서 많은 학자들이 Stop 12에 관심을 보였고, 이곳에서는 참가자들의 화석 채집을 위하여 약 1시간을 보냈다. 이 날 마지막으로 방문한 Stop 13은 나이가 오랜 와곡층이 젊은 문곡층 위로 밀려올라간 단층의 모습을 잘 보여 주는 장소이다.

Stop 13에서 단양을 향해 떠난 시간은 오후 4시경이었다. 단양으로 가는 버스 속에서 참가자들에게 한국의 사찰을 구경하겠느냐는 의향을 묻자 모두 대환영이었다. 그래서 원래 계획에는 없었지만 가는 도중에 있는 단양 구인사로 방향을 틀었다. 구인사는 규모와 성격에 있어서 우리나라의 다른 절과는 전혀 다른 분위기를 보여 주는 독특한 절이다. 구인사에 도착했을 때가 5시 경이었는데 나는 참가자들에게 절을 구경한 후 6시까지 주차장으로 돌아오라고 말했다. 나도 일행과 함께 구인사 경내를 돌고 내려오던 도중, 미국의 마리 홀링스워스(Mary Hollongsworth)가 지갑을 잃어버렸다는 말을 전해 들었다. 아마도 구경에 정신이 팔려 있다가 내려올 무렵에야 지갑이 없어졌다는 사실을 알게 되었던 듯하다. 그 속에는 여권, 비행기표, 돈, 신용카드 등이 들어 있었기 때문에 문제가 심각했다. 우리는 일단 구인사에 협조를 요청하여 안내방송을 했고, 지갑을 찾으면 연락할 수 있는 전화번호를 남긴 다음 구인사를 떠났다.

그녀와 남편은 식사할 기분도 아니었는지 저녁식사 장소에 모습을 보이지 않았다. 저녁식사를 마친 후 두 사람을 데리고 여권 분실신고를 하기 위하여 단양경찰서 관할 파출소로 갔다. 파출소에서는 친절하고 신속하게 분실확인증을 써 주었고, 두 사람의 임시여권을 만들기 위한 준비에 들어갔다.

9월 20일 아침 6시, 대학원생 두 명에게 그들을 데리고 미국대사관에 가서 임시여권을 만드는 일을 맡겼다. 한편, 9월 20일은 야외학술답사의 마지막 날인데, 하늘에 두터운 구름이 드리워 약간 걱정스러웠다. 다행히 출발할 무렵에는 비가 오지 않았다. 답사에 앞서 단양에서 다음 목적지까지 가는 도중에 충주호 주변에 있는 구담봉 전망대에 잠시 멈추었고, 그 후 충북 제천의 청풍문화재단지를 1시간가량 구경했다. 청풍문화재단지를 돌고 있던 도중에 서울에 갔던 일행으로부터 일이 매우 빠르게 진행되어 오후에 임시여권을 받게 되었다는 연락을 받았다. 나는 이 사실을 참가자들에게 알렸고, 모두 일이 빠르게 처리된 사실에 놀라워했다. 원래 두 사람은 서울에서 하루 묵을 예정이었지만, 그럴 필요가 없어졌기 때문에 저녁 때 수안보에서 만나기로 일정을 조정하였다. 청풍문화재단지에서 멀지 않은 곳에 있는 Stop 14는 봉화재 단층인데, 옥천누층군沃川累層群이 조선누층군 위로 밀려올라간 곳으로 지질학적으로 우리나라에서 매우 중요한 지질구조다. Stop 14의 봉화재 단층은 최근 남한 구조선南韓構造線으로 명명되어 학술적 논란을 불러일으키고 있는 지역이기도 하다.

봉화재에서 한반도의 판구조적 진화과정에 대한 열띤 토론 후에 다음 장소인 황천변의 Stop 15로 향했다. 황천의 아름다운 강변에서 도시락으로 점심식사를 했는데, 잔뜩 찌푸렸던 하늘은 다행스럽게도 식사가 끝난 후에 비를 뿌리기 시작하였다. Stop 15는 남한구조선의 연장선상에 있으며, 자갈을 포함하는 황강리층이 하천 바닥을 따라 잘 드러난 곳이다. 빗 방울이 굵어졌기 때문에 황강리층을 간략히 소개한 다음, 마지막 답사지역인 충주호 주변의 Stop 16으로 향했다. Stop 16은 단양에서 수안보를 연결하는 국도변으로 암석이 잘 드러나 황강리층의 특징을 관찰하기에 좋은 장소였다. 오스트레일리아의 제임스 자고(James Jago)는 황강리층을 보더니, 이 암석이 오스트레일리아에 있었다면 틀림없이 빙하퇴적층이라고 말했을 것이라고 나에게 귀띔을 해 주었다. 여하튼, 비가 억수같이 쏟아지기 시작했으므로 그곳에 더 이상 머물지 못하고 숙소인 수안보파크호텔로 향했다.

수안보파크호텔에 도착하여 방 배정을 끝낸 후, 저녁에 있을 포스터 발표 준비에 들어갔다. 포스터 발표는 원래 9월 21일에 열릴 예정이었지만, 미국 오하이오주립대학교에서 참가한 로렌 배브콕(Loren Babcock)이 다음 날 아침 일찍 미국으로 돌아가야 했으므로 9월 20일 저녁으로 앞당겼다. 포스터 발표장은 저녁식사 장소와 같았기 때문에 준비하는 데 전혀 문제가 없었다. 저녁식사 후, 같은 장소에서 국제 캄브리아기 층서위원회 워크숍이 열렸다. 이 워크숍은 학술적인 내용을 다루는 것이 아니고, 앞으로 1년 동안 위원회를 어떻게 운영하는 것이 좋은지 위원들의 의견을 듣는 모임이다.

9월 21일 오전에는 수안보파크호텔에서 제2차 학술발표회를 개최하였다. 총 8편의 논문발표와 함께 포스터 발표를 병행하였다. 점심식사 후, 행사의 마지막 장소인 서울대학교 호암교수회관으로 향했다. 저녁에는 서울대학교 지구환경과학부 BK21 사업단장인 김구 교수가 주최하는 리셉션을 호암교수회관 목련홀에서 열었고, 그 자리에서 참가자를 대표하여 국제캄브리아기 층서위원회 회장인 중국의 산치펭(Shanchi Peng)교수와 원로 학자인 파머 박사가 KOREA 2004 조직위원회의 노고를 치하하였다. 특히, 학술회의가 원만히 진행될 수 있도록 열심히 도와준 대학원생들의 능력을 높이 평가하였다.

9월 22일 아침, 호암교수회관에서 인천공항으로 떠나는 참가자들을 배웅하는 것으로 일주일에 걸친 학술회의를 마감하였다. 몇몇 참가자들은 돌아간 직후 이메일로 한국에서의 좋았던 경험을 상기시켜 주었고, 무엇보다도 기뻤던 것은 학술회의가 끝난 후 4일째 되던 날 단양 구인사로부터 들은 지갑을 찾았다는 소식이었다. 나는 이 뉴스를 모든 참가자들에게 즉시 이메일로 알렸고, 많은 사람으로부터 놀랍다는 회신을 받았다. 되찾은 지갑에는 모든 것이 그대로 있었기 때문에 우리나라의 도덕적 위상을 높이는 데 큰 기여를 했다고 생각한다. 아울러 이 학술회의는

우리의 연구 역량을 세계에 알리는 계기가 되었고, 우리의 연구방향을
바로잡는 데도 큰 도움이 되었다.

중국 산둥반도를 찾다

21세기에 접어들었을 무렵, 그동안의 연구를 통해 우리나라 태백산분지
의 삼엽충 화석에 대한 자료는 충분히 모아졌다. 이제 이 자료를 자세히
분석하여 우리나라 삼엽충의 진화사를 밝히고, 또 캄브리아기 당시 우
리나라 주변의 모습이 어떠했는지 알아내는 연구가 필요했다. 5억 년 전
캄브리아기 당시 태백산분지는 북중국과 한 덩어리를 이루고 있었다. 그
러므로 당시 우리나라의 모습을 좀 더 잘 이해하기 위해서는 태백산분
지와 붙어 있었던 다른 지역을 조사하는 일이 필요했다. 물론 가까운 곳
인 북한지역의 평남분지를 조사하면 좋은데, 현재 그곳은 접근이 불가능
하다. 그래서 나는 좀 돌아가기는 하지만 북중국의 캄브리아기 삼엽충을
연구하기로 하고, 조사 대상지역을 물색하였다.

  사실 북중국의 삼엽충 연구는 우리나라 삼엽충 연구보다도 훨씬 일찍
시작되었다. 일찍이 산둥반도의 삼엽충에 대한 연구는 1905년 미국의
유명한 고생물학자 찰스 월코트(Charles D. Walcott)에 의해 이루어졌고, 이
어서 중국 북경대학교의 손운주孫云鑄 교수는 하북성 당산唐山 부근의 삼
엽충 화석을 자세히 연구하였다. 하지만 그 이후 산둥반도와 당산의 삼

그림 2-10. 중국 산둥반도 태산 부근에 드러난 캄브리아기 지층 우리나라와는 달리 지층이 마치 시루떡처럼 질서정연하게 놓여 있다.

엽충에 대한 연구는 지지부진하였다. 그래서 나는 두 지역을 연구대상으로 정하고, 2003년 여름 대학원생들을 이끌고 산둥반도와 당산 지역에 대한 사전 답사를 수행하였다. 두 지역 모두 연구하기에 적절하였지만, 연구대상의 중요성과 접근성을 고려하여 산둥반도를 우선 연구지역으로 선정하였다.

산둥반도의 캄브리아기 지층은 우리나라 지층과 달리 거의 변형을 받지 않아 마치 시루떡을 쌓아놓은 듯했고, 화석의 보존이나 산출 양상도 우리나라와는 비교할 수 없을 정도로 좋았다(그림 2-10). 게다가 다행스럽게도 태산泰山 기슭에 위치한 산둥과학기술대학에서 우리의 연구를 적극적으로 도와주겠다는 한작진韓作振 교수와도 연결이 되었다. 산동과학 기술대학이 있는 태산은 "태산이 높다하되 하늘 아래 뫼이로다."라는 시조에 나오는 그 태산이다. 황하 유역을 따라 펼쳐진 끝이 보이지 않는 평원 위에 갑자기 솟아오른 태산의 모습은 정말 장관이다. 태산은 산의 높이가 1,545미터밖에 되지 않음에도 불구하고, 그 웅장한 모습에서 옛 사람들이 태산이라고 부른 까닭을 공감할 수 있었다.

2003년 시작한 중국 산동지역의 캄브리아기 지층에 대한 연구는 조성권 교수의 퇴적학 연구실이 참여하면서 그 규모가 확대되었다. 봄철과 가을철 필드 시즌이 되면, 한국에서 조 교수와 나, 그리고 대학원생 5~6명과 중국에서 한 교수와 그 제자들이 야외조사에 합류해 중국 산동지역을 조사하는 연구진의 수가 10여 명에 달했다. 서울대학교 고생물학 연구실의 모든 대학원생(이승배, 강임성, 문상준, 박태윤, 김주언)들은 산동지역 조사에 투입되었다. 한편, 석개재 지역의 삼엽충 화석도 연구할 재료가 남아 있었기 때문에 이승배와 박태윤에게 우리나라의 캄브리아기 삼엽충도 함께 연구하도록 하였다.

산둥반도에 대한 조사가 2~3년 진행되었을 때, 그곳의 캄브리아기 삼엽충의 산출 양상에 관한 윤곽이 어느 정도 드러났다. 그런데 찾은 화석의 양도 많았고 보존상태도 좋았지만, 학술적인 측면에서 흥미로운 연구 내용을 찾기가 어려웠다. 찾아낸 삼엽충의 내용이 그동안 우리나라와 중국에서 알려져 있던 내용을 확인하는 수준에 불과했기 때문이었다. 과학을 하는 즐거움은 무언가 새로운 사실을 알아내는 것인데, 단지 그동안 알려졌던 내용을 재확인하는 일은 그다지 즐겁지 않았다.

중국에서의 연구 진척이 지지부진할 때, 나에게는 정말 다행스럽게도 석개재를 조사하고 있던 이승배와 박태윤이 이제까지 알려지지 않았던 새로운 화석들을 찾아내었다. 하나는 캄브리아기 끝날 무렵 우리나라에 살았던 극피동물의 일종인 스타일로포라(stylophora)라는 화석이고, 다른 하나는 골격이 규질(SiO₂) 성분으로 바뀐 어린 삼엽충들이었다.

사실 나는 삼엽충을 주로 연구하고 있었기 때문에 극피동물 화석에 대해서는 지식도 없었고 관심도 적었다. 그런데 2001년 초, 프랑스의 한 고생물학자로부터 한국에서 혹시 '아나티폽시스(*Anatifopsis*)'라고 하는 화석이 발견되었느냐는 내용의 이메일을 받았다. 그 학자는 프랑스 리옹대학교의 레페브르(Bertrand Lefebvre) 박사인데, 내가 《미국 고생물학회지》에 발표한 삼엽충 화석 논문을 보고 그 시기의 지층이면 아나티폽시스가 나올 수 있겠다는 생각을 하고 이메일을 보내온 것이었다. 사실 나는 이미 오래전에 태백지역의 두무골층에서 아나티폽시스가 나온다는 사실을 알고 있었고 그 내용을 1989년 《지질학회지》에 이미 발표했었다. 그래서 나는 곧바로 답신을 보내어 아나티폽시스가 나온다는 사실을 알렸더니, 얼마 후 레페브르는 그 화석을 공동연구하자는 제안을 해왔다. 내가 1989년 그 논문을 쓸 당시 아나티폽시스라는 화석은 정체불명의 생물로 알려져 있었는데, 나는 개인적으로 아나티폽시스가 절지동물에 속할 가능성이 있다는 결론을 내린 바 있었다. 그런데 레페브르의 연구에 의하면, 아나티폽시스는 절지동물이 아니라 극피동물에 속하며 그중에서도 스타일로포라라는 계통에 속한다는 것이었다.

2001년에 서울대학교 지구환경과학부는 당시 교육부에서 중점 사업으로 추진하고 있던 BK21(Brain Korea 21)이라는 프로그램에 선정되어 있었기 때문에 대학원생들의 해외연수가 가능했다. 그래서 BK21 프로그램의 지원을 받아 이승배군을 리옹대학교의 레페브르 연구실에 파견하였고, 승배는 약 3개월 동안 리옹에 머물면서 아나티폽시스에 대한 집중적 연구를 수행하였다. 그 결과 짧은 기간이었음에도 불구하고 매우 만족할 만한 연구결과를 얻었다. 원래 이승배의 석사학위논문 주제는 캄브리아-오르도비스기 경계 부근의 삼엽충 화석 연구였는데, 스타일로포라 연구가 시급했기 때문에 석사학위논문의 주제를 스타일로포라로 바꾸었다. 승배가 귀국하자마자 우리는 그 내용을 정리하여 《미국 고생물학회지》에 투고하였고, 논문은 2003년에 발간되었다.

한편, 승배는 귀국한 후 석개재의 화절층 상부와 동점층 하부를 주로 조사하고 있었는데, 놀랍게도 그곳에서 새로운 스타일로포라 화석을 찾아내었다. 그 자료도 정리하여 역시 《미국 고생물학회지》와 유럽의 고생물학술지 《지오바이오스(Geobios)》에 투고하여 게재되었다. 특히, 《미국 고생물학회지》에 투고했던 논문은 2005년도 3월호의 표지로 선정되었다(그림 2-11).

한편, 2005년 대학원에 들어온 박태윤은 태백지역의 세송층과 화절층을 중점적으로 조사하고 있었는데, 그는 야외에서 석회암을 따다가 묽은 염산에 집어넣어 석회질 성분을 녹여낸 다음, 남은 찌꺼기로부터 삼엽충

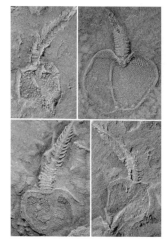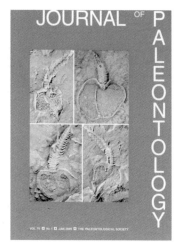

그림 2-11. 태백층군 동점층 최하부에서 발견된 극피동물의 일종인 스타일로포라의 사진(왼쪽)과 이 사진을 표지에 수록한 《미국 고생물학회지》 2005년도 3월호(오른쪽).

화석들을 찾는 작업에 몰두하였다. 태윤은 놀랍게도 보존이 좋은 어린 삼엽충을 많이 찾아내었다. 그러한 연구가 가능한 배경에는 암석이 생성된 이후 일어났던 변화 때문이다. 삼엽충의 골격은 원래 석회질이다. 석회질은 염산에 잘 녹기 때문에 보통 석회암을 염산에 녹이면 삼엽충의 골격도 모두 녹는다. 그런데 암석 속에 들어 있던 삼엽충의 유해 중에서 원래 골격을 이루고 있던 석회질 성분이 녹아나간 다음, 그 녹아난 공간을 지하수에 들어 있던 규질 성분이 채우는 경우가 있다. 이 규질 성분은 염산에 녹지 않는다. 그래서 석회암 덩어리를 염산에 집어넣어 녹이면, 석회질 성분이 모두 녹아나간 다음 남은 찌꺼기 중에서 삼엽충 화석을 찾을 수 있다.

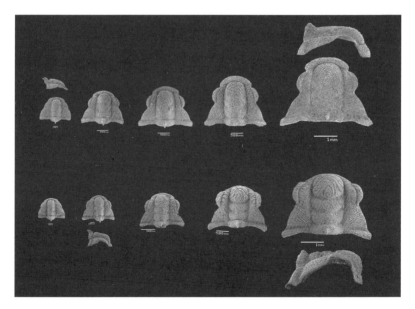

그림 2-12. 두 종의 캄브리아기 삼엽충이 성장하는 과정 캄브리아기 삼엽충은 어렸을 때는 비슷한 모습이나 성장하면서 달라지는 것을 볼 수 있다. 이 비교 그림은 주사전자현미경으로 표본을 찍었기 때문에 마치 지문처럼 생긴 표면 장식이 잘 보인다.

삼엽충의 개체발생과정에 관한 연구는 1989년 이동찬 군이 석사학위 논문의 주제로 시작하였지만, 그때는 암석 표면에 남겨져 있는 삼엽충의 자국을 가지고 연구했기 때문에 생물의 세밀한 형태를 관찰하기가 어려웠었다. 그런데 염산으로 녹인 후 남겨진 삼엽충 화석은 원래 생물의 골격 모습을 거의 완벽하게 보존하고 있었기 때문에 그 생물의 형태적 특징을 잘 알아볼 수 있었다. 게다가 20여 년 전에는 화석을 관찰할 때 보통 현미경을 사용했었지만, 지금은 주사전자현미경(Scanning Electron Microscope)이라는 첨단의 고배율 현미경으로 표본을 관찰하기 때문에 화석의 미세한 형태까지도 알아볼 수 있다(그림 2-12). 태윤은 캄브리아기의 여러 층에서 발견된 삼엽충들의 개체발생과정을 잘 추적하여 좋은 연구 결과를 끌어냈다.

삼엽충 화석이 알려 준 5억 년 전 고지리

내가 삼엽충 화석을 연구하기 시작한 1990년 무렵, 한반도의 고생대 고지리(古地理, 과거 지질시대의 대륙과 해양 분포를 다루는 지질학의 한 분야)와 관련된 놀라운 논문이 발표되었다. 그 논문을 발표한 사람은 프랑스의 젊은 구조지질학자로 클루젤(Dominique Cluzel) 박사였다. 그는 연구주제로 우리나라 옥천대(그림 2-13)의 지질과 지체구조 역사를 다루었다. 그의 연구 내용을 소개하기에 앞서 1980년대까지 알려졌던 동아시아 지역의 고생대 고지리에 관한 배경을 먼저 소개하는 것이 이해에 도움이 되리라 생각한다.

1967년 일본 도쿄대학교의 고바야시 교수는 삼엽충 화석 자료를 분석하여 동아시아 지역을 세 개의 동물구―황하동물구, 천전동물구, 강남동물구―로 나누었다(그림 2-14). 동물구動物區는 같은 종류의 동물군집이 살았던 지역을 의미한다. 황하동물구는 현재의 북중국과 우리나라의 태백지방을 포함한 지역으로 주로 얕은 바다에 살았던 토착성 삼엽충(그림 2-15)이 발견되는 지역이다. 천전동물구는 중국의 서부지역을 가리키며,

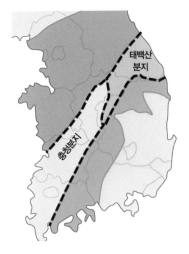

그림 2-13. 옥천대는 남한지역을 대각선으로 가로지르는 복합 지체구조로 태백산분지와 충청분지로 나뉜다.

그림 2-14. 고바야시가 구분한 동아시아의 캄브리아기 동물구 한반도의 평안도와 태백지방은 황하동물구에 속하고, 영월지방은 강남동물구에 속하는 것으로 표현되어 있다.

강남동물구는 남중국과 우리나라의 영월지방을 아우르는 지역으로 여기에서 발견된 삼엽충(그림 2-16)은 전 세계적으로 분포하는 특징을 보여준다.

　이처럼 북중국과 남중국의 캄브리아기 삼엽충 화석군집의 내용이 크게 다르다는 사실이 알려진 후, 1970년대 중반 고생대 기간에 동아시아가 크게 중한랜드(Sino-Korean Land)와 남중랜드(South China Land)로 나뉘어 있었다는 고지리도가 발표되었다(지질학에서는 보통 중한강괴中韓剛塊와 남중강괴南中剛塊라고 부르는데, 강괴라는 용어의 어색함 때문에 랜드로 바꾸었다. '랜드'라는 용어를 쓴 이유는 고생대 동안에 두 땅덩어리가 마치 오늘날의 뉴질랜드나 아이스랜

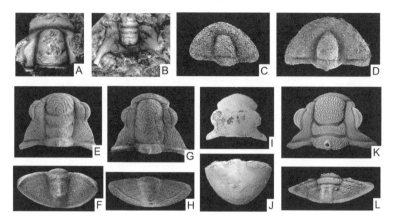

그림 2-15. 태백층군의 대표적 캄브리아기 삼엽충 화석으로 황하동물구에 속한다.
A,B: 대기층 *Crepicephalina damia*의 머리와 꼬리; C: 세송층 *Jiulongshania regularis*의 머리; D: 세송층 *Fenghuangella laevis*의 머리; E,F: 화절층 *Asioptychaspis subglobosa*의 머리와 꼬리; G,H: 화절층 *Quadraticephalus elongatus*의 머리와 꼬리; I,J: 화절층 *Tsinania canens*의 머리와 꼬리; K,L: 화절층과 동점층 경계부에서 산출된 *Eosaukia micropora*의 머리와 꼬리.

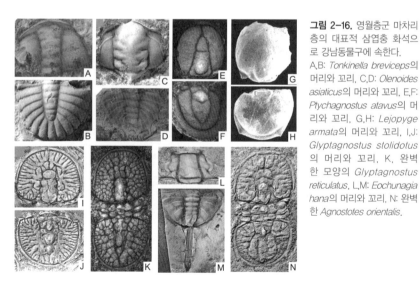

그림 2-16. 영월층군 마차리층의 대표적 삼엽충 화석으로 강남동물구에 속한다.
A,B: *Tonkinella breviceps*의 머리와 꼬리, C,D: *Olenoides asiaticus*의 머리와 꼬리, E,F: *Ptychagnostus atavus*의 머리와 꼬리, G,H: *Lejopyge armata*의 머리와 꼬리, I,J: *Glyptagnostus stolidotus*의 머리와 꼬리, K, 완벽한 모양의 *Glyptagnostus reticulatus*, L,M: *Eochunagia hana*의 머리와 꼬리, N: 완벽한 *Agnostotes orientalis*.

드와 같이 작은 대륙처럼 움직였다고 생각하기 때문이다.). 하지만 이와 같은 고지리 해석에서 규모가 작은 한반도는 항상 모호하게 다루어졌다. 어떤 사람들은 한반도를 모두 중한랜드에 포함시켰는가 하면, 또 다른 사람들은 한반도를 남북으로 나누어 북쪽은 중한랜드에, 남쪽은 남중랜드에 속한 고지리도를 제시하기도 하였다.

1990년대 초, 클루젤은 중한랜드와 남중랜드가 충돌하면서 만들어진 중국의 칠링-다비에-술루(Qinling-Dabie-Sulu) 습곡대가 한반도로 연장된다는 가설을 발표하여 우리나라 학자들을 놀라게 했다. 중국에서 중한랜드와 남중랜드의 충돌은 페름기 말과 트라이아스기 초에 걸쳐서 일어났던 것으로 알려져 있었다. 그가 제안한 가설을 요약하면, 고생대에 경기육괴(경기도와 강원도 북부를 포함한 지역)는 남중랜드에 속했으며, 영남육괴(경상도 지역)를 포함한 나머지 한반도 지역은 중한랜드의 가장자리를 차지하고 있었다는 것이다. 클루젤은 한반도로 이어지는 습곡대로 황해도 일대의 임진강대臨津江帶를 지목하였고, 더 나아가 그 습곡대의 경계가 태백산분지 가운데를 지난다고 제안하였다. 이는 태백산분지가 땅덩어리의 근원이 다른 두 부분으로 이루어졌음을 의미하며, 클루젤은 실제로 태백지역은 중한랜드에, 영월지역은 남중랜드에 속했다고 주장하였다. 클루젤이 그러한 주장을 하게 된 배경에는 태백과 영월지역의 캄브리아기 삼엽충 화석군집이 달랐다는 고바야시 교수의 의견(그림 2-14)을 받아들였기 때문이다.

나는 그 논문이 발표되자마자 곧바로 클루젤의 가설이 틀렸다고 단언

했다. 그 당시 나는 주로 영월지역의 오르도비스기 삼엽충 화석을 연구하고 있었는데 영월지역에서 발견된 오르도비스기 삼엽충은 모두 북중국 삼엽충 화석군집의 특성을 보여 주었고 남중국의 삼엽충 화석군집과는 달랐기 때문이었다. 나는 1994년 서울에서 열린 국제지질대비연구과제(IGCP) 321 심포지엄에서 한반도 전체가 중한랜드에 속해야 한다는 논문을 발표하여 클루젤의 주장을 반박하였다. 그 무렵 클루젤이 서울대학교를 방문한 적이 있었는데, 나는 클루젤에게 오르도비스기 삼엽충 화석 자료로 판단해 보았을 때 태백산분지 내로 습곡대가 지나는 것은 불가능하다고 이야기했다. 클루젤이 내 이야기를 얼마나 이해했는지는 알수 없었지만, 그 후 한반도의 고생대 지체구조 진화 해석에서 클루젤의가설은 엄청난 영향력을 발휘하였다. 실제로 지질학의 다른 분야에서 연구하던 사람들 대부분은 클루젤의 가설을 지지하는 경향으로 기울었다.

나는 한동안 클루젤의 가설에 부정적인 입장이었지만, 북쪽의 임진강대가 중한랜드와 남중랜드의 충돌대라는 주장이 학계에서 점점 강력한지지를 받게 되자 나도 그 가설을 받아들여 태백산분지의 삼엽충 화석군을 설명할 수 있는 모델을 개발해야 했다. 내 생각에는 임진강대가 충돌대라는 점을 인정한다고 해도 태백산분지는 중한랜드에 속해야만 했다. 태백산분지의 삼엽충 화석군집이 북중국과 비슷했기 때문이다. 그래서 습곡대의 연장선을 태백산분지의 서쪽 가장자리로 옮겨야 한다는 주장을 펼쳤다. 2001년 쓴 논문에서 나는 고생대 초인 5억 년 전 한반도의 땅덩어리는 크게 낭림육괴, 경기육괴, 영남육괴 세 부분으로 나뉘어져 있

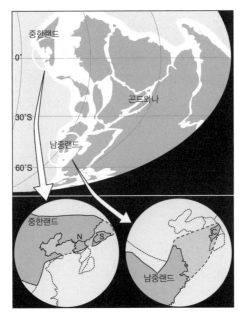

그림 2-17. 2001년에 제안한 5억 년 전 동아시아 고지리도

었으며, 이 중에서 낭림육괴와 영남육괴는 중한랜드에, 경기육괴는 남중랜드에 포함시킨 고지리도를 제시하였다. 물론 태백산분지는 중한랜드의 가장자리에 위치하는 것으로 그렸다(그림 2-17).

내가 그동안 조사한 태백산분지의 퇴적층들은 모두 얕은 대륙붕에서 쌓인 것으로 밝혀졌다. 현재 해저 지형은 그 특징에 따라 대륙붕, 대륙사면, 대륙대, 심해저평원, 해령, 해구 등으로 구분된다. 대륙붕, 대륙사면, 대륙대는 그 이름에서 알 수 있는 것처럼 이들은 바다 밑에 있지만 대륙지각의 연장부에 해당한다. 대륙붕은 해안에서 먼 바다 쪽으로 서서히 깊어지는(기울기 0.1도) 지역으로 수심 200미터 미만이다. 대륙붕 끝에서 갑자기 경사가 급해지는(기울기 약 4도) 곳이 있는데, 이 부분을 대륙사면이라고 부르며 수심은 1,500~3,500미터에 이른다. 대륙사면 끝자락에 이르면, 대륙사면을 따라 흘러내려온 퇴적물이 쌓여 다시 기울기가 완만해지는(기울기 1도) 부분으로 이곳을 대륙대라고 부른다.

일반적으로 대륙붕이 있으면 대륙사면도 있어야 하니까 나는 태백산분지 어딘가에 대륙사면에서 쌓인 퇴적층이 남아 있을 것으로 예측했다. 하지만 태백과 영월지역 곳곳을 조사해도 대륙사면에서 쌓인 지층을 찾을 수 없었다. 내가 중국 산동지방으로 조사지역을 넓힌 배경에는 중국에서 혹시 대륙사면에서 쌓인 퇴적층을 찾을 수 있을지도 모른다는 생각 때문이었다. 하지만 중국에서도 대륙사면의 흔적은 찾을 수 없었다.

몇 년을 별다른 성과없이 보낸 후, 2007년 어느 날 나는 문득 태백산분지가 대양으로 향한 바다가 아니었을지도 모른다는 생각을 떠올렸다. 대륙사면에서 쌓인 암석이 발견되지 않는다는 사실은 태백산분지가 대륙사면과 연결된 바다가 아닐 수도 있다는 뜻이다. 마치 오늘날의 서해처럼……. 생각이 여기에 미치자, 나는 2001년에 그린 고지리도를 꺼내들고 중한랜드의 방향을 180도 돌려 태백산분지가 대륙 안쪽으로 향하도록 배열해 보았다. 맞은편에는 오스트레일리아 대륙이 위치해 있었다. 나는 내 머리를 두들겼다. 왜 진작 이와 같은 그림을 생각하지 못했던가 하는 스스로에 대한 자책이었다. 나는 태백산분지가 서해 같은 바다였다는 생각을 바탕으로 5억 년 전 고지리도를 새롭게 그렸다(그림 2-18). 중

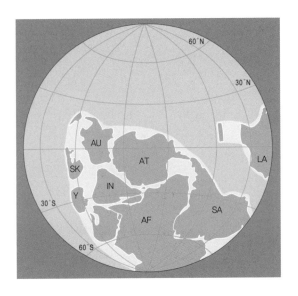

그림 2-18. 2009년 논문에서 태백산분지가 내륙해였다는 생각을 반영하여 수정한 고지리도
(AF: 아프리카, AT: 남극대륙, AU: 오스트레일리아, IN: 인도, LA: 로렌시아, SA: 남아메리카, SK: 중한랜드, Y: 양자지괴(=남중랜드)).

한랜드와 남중랜드를 모두 곤드와나 대륙의 가장자리에 위치시키고, 대륙 사이에 얕은 바다를 그려 넣었다. 이 바다는 대륙 내의 얕은 부분을 채우고 있는 일종의 내륙해로 수심이 200미터보다 얕은 대륙붕 지역에 해당하며 대륙사면이 없는 바다였다.

새롭게 수정된 고지리도는 삼엽충 화석군의 지리적 산출 양상을 더욱 잘 설명해 주었다. 왜냐하면 태백산분지에서 발견된 삼엽충 화석과 유사한 종류들이 오스트레일리아에서 많이 산출된 것으로 알려져 있었는데, 태백산분지와 오스트레일리아가 대륙붕으로 연결되었다면 두 지역에서 같은 종류의 화석이 발견되는 것이 자연스럽기 때문이다. 나는 이 내륙해의 모습을 더욱 자세히 그렸는데, 중한랜드의 가장자리를 차지하고 있던 태백산분지에서 태백지역은 육지에 가까운 바다로 수심이 얕았고, 영월지역은 먼 바다로 수심이 상대적으로 깊었다고 해석하였다. 태백지역의 삼엽충들이 북중국과 비슷한 것은 내륙해의 얕은 지역을 따라 삼엽충들이 이동했기 때문이며, 반면에 영월지역의 삼엽충들이 전 세계적인 분포를 보여 주는 것은 상대적으로 깊은 지역에 살았던 삼엽충들이 멀리 이동할 수 있었기 때문이었다. 이처럼 새롭게 그린 고지리도는 5억 년 전 태백산분지의 모습을 더욱 뚜렷하게 보여 주었다.

5억 년 전에 태백산과 히말라야가 연결?

2008년 3월, 캘리포니아대학교 리버사이드 캠퍼스의 고생물학 교수인 나이젤 휴즈(Nigel Hughes) 박사로부터 놀라운 이메일을 받았다. 그는 2000년부터 히말라야 산맥의 캄브리아기 삼엽충을 연구해 왔는데, 부탄(Bhutan)의 블랙산(Black Mountain)에 드러나 있는 캄브리아기 지층으로부터 우리나라 태백지역에서 알려진 삼엽충과 똑같은 종류(*Kaolishania granulosa*와 *Taipaikia glabra*)를 찾았다는 내용이었다. 나는 깜짝 놀랐다. 이 삼엽충들은 그동안 우리나라와 북중국의 산동성과 요령성에 국한되어 발견되었던 종류였기 때문이었다. 히말라야 산맥은 우리나라로부터 무척 멀리 떨어져 있는데, 같은 종류의 삼엽충이 그처럼 먼 곳에서 살았다는 사실을 어떻게 설명해야 할까? 나의 머리는 복잡해졌다. 휴즈 교수가 화석 동정을 잘못한 것은 아닐까? 아니면, 5억 년 전에는 태백산분지와 히말라야 지역이 지리적으로 가까웠다는 말인가?

며칠 후, 휴즈 교수로부터 새로운 이메일이 도착했다. 태백지역에서 카올리샤니아(Kaolishania)가 발견된 지층으로부터 가장 가까이 있는 사암층에 들어 있는 지르콘(zircon) 광물 연대분포를 공동으로 연구해 보자는 제안이었다. 나는 그의 제안을 곧바로 받아들였다. 왜냐하면, 그 당시 우리나라에는 지르콘 연대측정 기기가 없었기 때문이었다(우리나라에 지르콘 연대측정 기기인 SHRIMP가 도입된 때는 2010년으로 현재 한국기초과학지원연구원에 설치되어 있다.).

요즈음 지질학 분야에서는 암석에 들어 있는 지르콘 광물의 연령분포를 분석하는 연구가 엄청난 붐을 일으키고 있다. 그 이유는 지르콘 광물에서 얻을 수 있는 과학적 정보가 많기 때문이다. 지르콘은 $ZrSiO_4$의 화학식을 가지며, 비중이 4.7로 무척 무거운 광물이다. 지르콘은 주로 화강암이 만들어질 때 생성되는데, 지르콘 광물 속에는 지르코늄(Zr) 원자가 들어가야 할 자리에 우라늄(U) 원자가 불순물로 들어 있는 경우가 있다. 우라늄은 시간이 흐르면 납(Pb)으로 변하며, 따라서 지르콘 광물 속에 들어 있는 우라늄과 납의 비율을 알면, 그 광물(또는 암석)이 생성된 시기를 알 수 있다. 게다가 지르콘 광물은 변성작용이나 풍화작용의 과정에서도 잘 없어지지 않기 때문에 변성암이나 퇴적암 중에도 많이 들어 있다. 특히 퇴적암에 들어 있는 지르콘 광물의 연령 분포를 알면, 그 퇴적암을 이루는 알갱이들이 어디에서 왔는지 알 수 있기 때문에 옛날의 대륙 모습을 그릴 때 좋은 정보를 제공해 주는 것으로 알려졌다. 그래서 최근에 들어와서 퇴적암의 지르콘 연령 분포를 분석하는 일이 전 세계적으로 활발히 이루어지고 있다.

2008년 5월 초, 박태윤 군에게 삼엽충 카올리샤니아가 산출되는 태백 지역 세송층에서 지르콘 연대 측정에 알맞은 사암(지르콘은 무거운 광물로 모래 알갱이가 너무 큰 사암에서는 발견되지 않는다. 보통 0.1밀리미터 크기의 모래로 이루어진 사암이 분석하기에 가장 좋다.)을 채취해 오도록 하였다. 세송층에서 채취한 약 20킬로그램의 암석 표품을 빠른우편으로 휴즈 교수에게 발송하였더니 약 일주일 후 표품이 도착했다는 연락이 왔다.

그 후 한동안 세송층 사암에 대한 생각은 잊고 지냈다. 그로부터 1년이 훨씬 지난 2009년 9월 5일, 휴즈 교수의 제자인 라이언 맥켄지(Ryan McKenzie)로부터 또 다른 놀라운 소식을 받았다. 맥켄지는 세송층의 지르콘 연대분포를 분석하는 과제를 맡았는데, 그가 분석한 부탄, 중국, 우리나라 세송층의 지르콘 연대분포 자료를 비교한 결과 태백산분지를 포함하는 중한랜드가 5억 년 전에 인도 대륙과 얕은 바다로 연결되어야 한다는 결론에 도달하였다는 것이다(그림 2-19). 나는 처음에 그 결론을 받아들이기가 쉽지 않았다. 그동안 내가 생각했던 5억 년 전 우리나라 땅덩어리와 연결시키기가 어려웠기 때문이었다. 여하튼, 맥켄지는 그 연구결과를 2009년 12월에 샌프란시스코에서 열리는 미국 지구물리연맹 학술

그림 2-19. 히말라야 산맥을 연구하던 미국 연구진과 함께 쓴 논문에서 중한랜드(태백산분지와 북중국 포함)의 캄브리아기 퇴적물이 대부분 곤드와나 대륙에서 왔을 것이라고 주장하였다.

회의에서 발표할 계획이라면서 논문 요약을 보내왔다.

　그로부터 또 1년이 지난 2010년 9월 7일, 맥켄지로부터 더욱 놀라운 이메일을 받았는데 미국지구물리연맹 학술회의에서 발표한 논문에 대한 사람들의 좋은 평가에 고무되어 그 연구결과를 저명한 학술지인 《네이처 지오사이언스(*Nature Geoscience*)》에 투고하려고 한다는 것이다. 만일, 이 논문이 《네이처 지오사이언스》에 실린다면, 이 또한 놀라운 사건이 될 것이다. 나는 그 논문에서 동아시아에서 알려진 후기 캄브리아기(4억 9700만 년 전에서 4억 8500만 년 전까지의 기간) 삼엽충의 산출 양상을 분석하는 일을 맡았다.

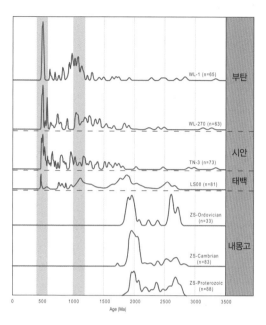

그림 2-20. 부탄, 중국 시안, 태백, 그리고 내몽고의 캄브리아기 사암에 들어있는 지르콘 광물의 연령 분포를 비교해 보면, 부탄과 중국 시안은 놀라울 정도로 비슷하고, 내몽고의 연령분포 양상은 독특하다. 이와 달리, 태백지방의 연령분포는 두 지역의 중간 양상을 보여 준다.

약 한 달 후인 10월 16일, 맥켄지는 그 논문이 《네이처 지오사이언스》 로부터 게재불가(reject) 판정을 받았다는 내용과 함께 원래 투고하려고 마음먹었던 또 다른 저명학술지인 《지올로지(GEOLOGY)》에 투고하겠 다는 이메일을 보내왔다. 《지올로지》는 지질학 분야의 가장 좋은 학술 지 중 하나로 전 세계적으로 매우 중요한 연구결과들이 실리는 곳이다. 2011년 1월 초, 맥켄지로부터 반가운 이메일이 도착했다. 투고한 논문이 심사에 통과되었다는 좋은 소식이었고, 그 논문은 2011년 8월에 발간되었다.

나는 그 논문의 결과에 대하여 다시 곱씹어 보기 시작하였다. 우리나라와 히말라야 산맥의 삼엽충 화석과 지르콘 광물의 연대분포에 공통점이 있다면, 이 내용을 당시 지구에서 어떻게 표현할 수 있을까? 방법은 한 가지 밖에 없다. 우리나라의 태백산분지와 히말라야의 퇴적분지가 어떤 형태로든지 연결되어야 한다. 나는 2009년 내가 그린 5억 년 전 고지리도(그림 2-18)에서 제안한 내륙해의 범위를 히말라야까지 연장해 보았다. 문제는 없어 보였다. 부탄과 중국 시안西安의 지르콘 연대분포 자료가 거의 비슷한 것은 두 지역 사이의 거리가 가까웠기 때문이고, 내몽고内蒙古의 자료가 완전히 다른 것은 그 암석이 전혀 다른 바다에서 쌓였음을 의미한다(그림 2-20). 반면에 태백지역의 연대분포 자료는 시안과 내몽고 지역의 중간 형태를 보여 주는데, 이는 당시 태백산분지가 부탄이나 시안과 바다로 연결되어 있기는 했지만 상당한 거리를 두고 떨어져 있었기 때문이었다. 부탄과 세송층의 지르콘 연대분포 자료는 내가 예전에 제안했던 태백산분지가 5억 년 전 내륙해였다는 사실을 지지해 줄 뿐만 아니라 이 내륙해의 모습을 더 명확하게 그리는 데에도 도움을 주었다.

1980년 후반부터 20여 년 동안 강원도 남부지역에서 5억 년 전 그곳에 살았던 삼엽충과 우리나라 땅덩어리의 모습을 찾아 헤맸다. 매일매일 삼엽충과 그들이 살았던 곳의 모습을 생각하다 보면, 마치 내가 5억 년 전 세계에 살고 있는 것 같은 착각에 빠질 때가 있었다. 나는 5억 년 전 세계에 불시착한 시간 여행자였다.

3장

눈덩이 지구

7억 년 전으로 가는 길목에서

'눈덩이 지구'는 7억 년 전 무렵 빙하가 지구 전체를 뒤덮었다는 가설로, 캘리포니아공과대학의 커쉬빙크가 처음 주장했다. 눈덩이 지구 가설은 학계에 빠르게 퍼져나가 논쟁의 소용돌이를 일으켰고, 하버드대학교의 호프만을 통해 빙하가 대륙뿐만 아니라 바다까지 모두 뒤덮었다는 가설로 확장되었다. 이 가설이 맞다면, 7억 년 전 지구를 우주에서 바라보았을 때 정말 눈덩이처럼 보였을 것이다. 눈덩이 지구 가설은 21세기 첫 10년 동안 지구과학 분야에서 가장 뜨거운 논쟁거리였다.

한 통의 메일을 받다

2010년 가을, 캘리포니아대학교의 나이젤 휴즈 교수로부터 우리나라의 태백산분지를 답사하고 싶다는 내용의 이메일을 받았다. 몇 명의 동료와 함께 중한랜드의 캄브리아기 지층에 대한 안정동위원소(산소, 탄소, 황 등) 분석을 시도하려고 하는데, 중한랜드에서 연구가 잘 이루어진 태백산분지와 중국의 산동지역에서 암석 시료를 채취하고 싶다는 내용이었다. 그가 공동연구를 제안해 받아들였다. 돌이켜 보면 그때 휴즈 교수의 이메일이 나를 7억 년 전 세계로 안내하는 출발점이 된 셈이다.

2011년 3월 13일, 휴즈 교수와 그의 연구 동료이자 퇴적학자 폴 마이로우(Paul Myrow), 하버드대학교의 박사후연구원으로 안정동위원소를 전공한 벤 길(Ben Gill) 박사, 그리고 휴즈의 제자 라이언 맥켄지가 한국에 도착하였다. 나는 수업이 있었기 때문에 처음부터 답사를 함께 할 수 없었고, 그래서 제자인 박태윤 박사와 극지연구소의 우주선 박사에게 미국 학자들의 태백산분지 답사를 안내하도록 부탁하였다. 나는 수업이 없는 금요일에 영월에서 합류하기로 했다.

3월 18일 금요일 새벽, 집을 출발하여 영월로 향했다. 만나기로 약속한 영월의 분덕재 고개에 도착한 시각은 오전 9시. 미국 연구팀도 막 도착해 있었다. 분덕재 고개는 영월층군의 마차리층이 잘 드러난 곳으로 이곳에서 발견된 삼엽충 글립타그노스투스(그림 2-6)가 알려 준 암석의 나이는 약 5억 살이다. 분덕재 부근에는 마차리단층이라고 부르는 커다란 단층이 지나가는데, 이곳이 학술적으로 중요한 이유는 5억 살의 지층이 3억 살의 지층 위에 올려져 있는 모습을 볼 수 있기 때문이다. 게다가 복잡하게 휜 지층들이 잘 드러나 있기 때문에(그림 3-1) 내가 이곳의 암석을 표현할 때 종이를 구겨놓은 것과 같다는 예를 드는 곳이고, 매년 야외학술답사 때마다 학생들을 데려오는 곳이기도 하다.

분덕재의 암석과 화석을 관찰한 다음, 나는 영월에서 마차리층이 가장 잘 드러나 있는 영월군 북면 공기리와 덕상리로 연구팀을 안내하였다.

그림 3-1. 영월 분덕재에 드러난 암석 지층이 마치 종이를 구겨놓은 것처럼 휘어 있다.

공기리는 이정구 군이 1990년 처음 발견한 화석산지로 우리나라에서 삼엽충 화석이 가장 많이 산출되는 곳이다. 이곳에 드러난 지층은 두께 50미터에 불과하지만 삼엽충 종류가 무척 많아 우리 연구실에서 그동안 공기리의 삼엽충을 연구하여 발표한 논문만 해도 14편이다.

덕상리 화석산지는 공기리로부터 서쪽으로 약 10킬로미터 떨어진 곳으로 2010년 새롭게 알려졌다. 이곳은 원래 충북대학교 이철우 교수팀이 연구하던 지역으로 충북대 대학원생인 노동영 군이 맡아 조사하고 있었다. 노동영 군은 도로변을 따라 노출된 마차리층을 관찰하는 과정에서 삼엽충을 발견하였고, 그래서 삼엽충을 연구하는 나에게 화석 발견을 알려왔다. 나는 처음에 '덕상리의 삼엽충도 분덕재나 공기리에서 이미 발견된 종류들이겠지'하고 별다른 기대를 하지 않았다. 그래도 나오는 삼엽충 화석이 어떤 종류인지 확인하기 위해서 2010년 10월 중순 덕상리로 갔다. 도로를 따라 암석은 잘 드러나 있었고, 퇴적구조도 잘 보존되어 있었다. 노동영 군으로부터 그 지역에 대한 간단한 설명을 들은 다음, 나는 화석을 찾기 시작하였다. 얼마 지나지 않아 보존이 좋은 삼엽충을 찾았는데, 놀랍게도 그 삼엽충은 그때까지 마차리층에서 보고되지 않은 종류였다. 그동안 나는 마차리층을 자세히 조사했다고 자부하고 있었는데, 아직도 숨겨진 종류가 있다니……. 한편으로는 나 자신에 대한 질책과 함께 새로운 삼엽충을 공부할 수 있겠다는 생각에 가슴이 설렜다.

그 후 덕상리의 암석을 여러 개의 지층으로 구분한 다음, 각 지층에 들어 있는 삼엽충 화석을 체계적으로 채집하였다. 연구실에 돌아와서 화석을 분류하던 나는 다시 한 번 깜짝 놀랐다. 덕상리 지역 지층의 나이를 삼엽충 자료를 가지고 확인해 보니까 3미터 두께의 지층이 5억 400만 년 전에서 4억 9700만 년 전 사이에 쌓였다는 결과가 나왔기 때문이다. 이는 이곳의 지층 3미터가 쌓이는 데 700만 년이 걸렸으니까 지층 1미터가 쌓이는 데 200만 년이 넘게 걸렸다는 계산인데, 퇴적물이 쌓이는 데 그토록 오랜 시간이 걸렸다는 이야기를 들어본 적이 없었다. 지층이 느리게 쌓인 이유는 무엇일까? 나는 그 점이 무척 궁금했다.

공기리에서 암석과 후기 캄브리아기 삼엽충을 관찰한 다음, 덕상리로 옮겨 미국 친구들에게 그동안의 연구 진행상황을 설명하고, 이곳 지층의

그림 3-2. 황강리층의 다이아믹타이트 가는 모래와 점토로 이루어진 바탕에 다양한 크기의 자갈들이 듬성듬성 박혀 있다.

퇴적속도가 상상할 수 없을 정도로 느렸다고 말하니까 휴즈나 마이로우도 흥미로워했다. 벤 길과 라이언 맥켄지가 동위원소 분석을 위한 시료를 채취하는 동안, 나는 휴즈와 마이로우와 함께 우리나라의 캄브리아기 지질에 관한 이야기를 나누고 있었다. 대화 도중에 나는 내일 방문하려고 하는 충주호 부근 황강리층에 대한 이야기를 꺼냈다.

충주호 일대에 잘 드러나 있는 황강리층은 역암의 일종으로 다이아믹타이트(diamictite)라고 불린다. 다이아믹타이트는 진흙 속에 크고 작은 자갈들이 듬성듬성 박혀 있는 암석이다(그림 3-2). 그동안 황강리층의 다이아믹타이트에 대한 연구가 많이 이루어졌지만, 이 암석이 쌓인 방식이나 환경에 대해서는 학자들 사이에 의견이 달라서 어떤 결론에 이르지 못한 상황이었다. 나 자신은 그 암석이 신원생대(10억 년 전에서 5억 4100만 년 전까지의 기간) 빙하퇴적물일 가능성이 크다고 생각하고는 있었으나, 그것을 증명할 방법이 없었다. 사실은 황강리층에서 삼엽충 화석이 발견된 적이 없었을 뿐만 아니라 그 부근의 암석은 변성암으로 분류되어 있었기 때문에 그동안 나는 '황강리층은 내가 공부할 수 있는 암석이 아니야'라고 생각하고 황강리층에 대한 연구를 고려조차 하지 않았었다. 물론, 예전 연구자 중에 황강리층이 빙하퇴적물이라는 연구결과를 발표한 사람들(영국의 리드먼 박사, 연세대 김옥준 교수, 서울대 사범대 이민성 교수)이 있기는 했지만, 학계에서는 그 결론을 진지하게 받아들이지 않았다.

내가 '황강리층이 신원생대 빙하퇴적물이었으면 좋겠다'고 말했더니, 마이로우가 혹시 황강리층 부근에 석회암층이 있느냐고 물었다. 나는 석회암층을 직접 본 적은 없었지만, 충주호 부근 어딘가에 석회암층이 있다는 이야기를 들은 적이 있었기 때문에 그렇다고 대답했다. 그랬더니 마이로우가 만일 석회암층이 황강리층과 붙어 있다면 황강리층이 신원생대 빙하퇴적물일 가능성이 크다고 말한다. 마이로우의 설명에 의하면, 7억 년 전 빙하퇴적층 바로 위에 석회암층이 놓이는 예가 세계 곳곳에서 알려져 있는데 그 석회암층의 두께는 수 미터에 불과하다는 것이다. 그 이야기를 듣는 순간, 나는 머리를 한방 맞은 느낌이었다. '아! 내가 왜 그 생각을 진작 하지 못했을까.' 나 역시 7억 년 전에 지구 역사상 가장 혹독했던 빙하시대가 있었다는 이야기를 매년 수업시간에 가르쳐 왔음에도 불구하고, 빙하시대와 관련된 지층의 어울림에 대해서 진지하게 생각해 본 적이 없었기 때문이다.

다음 날(3월 19일), 우리 일행은 충주호 남쪽을 달리는 국도 36번을 따라 가다가 황강리층이 잘 드러난 도로변에 차를 세웠다. 마이로우는 황강리층을 보는 순간, 눈이 번득이는 듯했다. 그는 드러난 암석 이곳저곳을 관찰하더니 암석 시료를 채취하자고 한다. 혹시 이 암석에 들어 있을지도 모를 지르콘 광물의 연대를 측정하면 답을 얻을 수도 있단다. 그때 나는 잘 몰랐는데, 마이로우는 젊었을 때 캐나다의 7억 년 전 빙하퇴적층을 연구하여 논문을 발표하였고, 그밖에 세계 곳곳의 7억 년 전 빙하퇴적층에 대한 답사 경험이 많았다. 우리는 그곳에서 커다란 암석덩어리를 따서 차에 싣고 서울로 떠났다. 미국 팀이 내일 중국으로 떠나야 했기 때문에 오랫동안 지체할 수 없었다.

신원생대 눈덩이 지구

서울로 돌아오자마자 충주호 부근의 석회암층에 관한 자료를 조사하기 시작했다. 충주호 부근 지질도에서 석회암층 분포를 찾아보니까 놀랍게도 전날 황강리층 암석을 채취한 지점으로부터 머지않은 곳에 석회암층이 지나고 있었다. 조사보고서에는 두께 수 미터의 석회암층이 다이아믹타이트로 이루어진 북노리층에 나란히 수 킬로미터를 따라 길게 이어 진다고 쓰여 있었다. 그 내용을 읽고 난 후, 나는 신원생대 빙하퇴적물인 다이아믹타이트와 석회암층의 관계를 다룬 외국 자료를 찾기 시작하였 다. 인터넷 문헌검색 사이트에서 '눈덩이 지구(snowball Earth)'를 입력하자 관련 문헌이 끝없이 쏟아져 나왔다. 나는 그중에서 중요하다고 생각되는 자료들을 모아 읽기 시작하였다.

눈덩이 지구 가설은 7억 년 전 무렵 빙하가 지구 전체를 덮은 적이 있 었다는 이론이다. 그런데 다이아믹타이트와 석회암층(이를 덮개석회암이라 고 부른다.)이 항상 함께 붙어 나오는 이유는 지구가 빙하로 덮였던 시대 에 다이어믹타이트가 쌓였고, 빙하시대가 끝난 직후 따뜻해진 바다에서 석회암이 쌓였기 때문이라는 설명이었다. 이는 빙하퇴적층이 쌓인 후 곧 바로 석회암층이 쌓였다는 뜻이니까 지층의 퇴적순서를 알려 준다는 점 에서 중요하다. 생각이 여기에 이른 순간, 나는 충주호 부근 암석의 지질 역사를 밝힐 수 있는 실마리를 찾았다는 것을 알았다. 마치 짙은 안개 속 을 헤매고 있는데 갑자기 안개가 걷히면서 주변이 환해지는 느낌이었다. 나는 마침 저녁식사를 준비하고 있던 아내에게 달려가서 '여보, 어쩌면 우리나라 지질 연구에서 풀어야할 숙제로 남아 있던 문제를 해결할 수 있을지도 몰라!'라고 말했더니 아내가 무슨 이야기냐고 묻는다.

* * *

'눈덩이 지구'라는 용어는 미국 캘리포니아공과대학의 조 커쉬빙크(Joe Kirschvink) 교수가 1992년 처음 사용했다. 커쉬빙크 교수는 고지자기 연구 분야의 권위자로 알려진 학자다. 오스트레일리아 남부 플린더스 산맥(Flinders Range)에는 약 7억 년 전 빙하퇴적층(Elatina Formation)이 넓게 분포하는데, 고지자기 학자들이 그곳의 빙하퇴적층이 적도 부근에서 쌓였다는 연구결과를 발표하여 사람들을 놀라게 했다(어떤 암석의 고지자기 복각을 측정하면 그 암석이 생성될 때 어느 위도에서 만들어졌는지 알 수 있다.). 적도지방이 빙하로 덮이다니 믿기 어려운 연구결과였다. 이 문제를 검증하고 싶었던 커쉬빙크는 1987년 학부 4학년생이었던 숨너(Dawn Sumner)에게 오스트레일리아 빙하퇴적층의 고지자기 분석을 학부 졸업논문의 연구과제로 주었는데, 그 빙하퇴적층이 적도 부근에서 쌓였다는 사실을 확인하는 연구결과를 얻었다. 이로부터 커쉬빙크는 당시 적도 부근까지 빙하로 덮였다는 논문을 〈눈덩이 지구〉라는 제목으로 과학계에 소개하였다. 눈덩이 지구 가설은 학계에 빠르게 퍼져나가 논쟁의 소용돌이를 일으켰고, 이 소용돌이는 하버드 대학 호프만(Paul Hoffman) 교수팀의 논문 〈신원생대 눈덩이 지구〉가 1998년 과학잡지 《사이언스》에 게재되면서 극에 달하였다.

호프만 교수팀의 논문은 빙하가 대륙뿐만 아니라 바다까지 모두 덮었다는 놀라운 가설이었고, 사람들을 더욱 놀라게 한 것은 바다 빙하의 두께가 1킬로미터를 넘었다는 주장이었다. 이 가설이 맞다면, 7억 년 전 지구를 우주에서 바라보았을 때 정말 눈덩이처럼 보였을 것이다(그림 3-3).

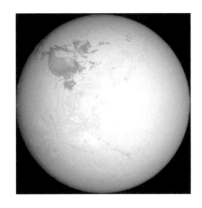

그림 3-3. 눈덩이 지구의 모식도

그들이 눈덩이 지구 가설을 제안하게 된 배경은 신원생대 빙하퇴적층이 지구상의 거의 모든 대륙에서 골고루 발견되었고, 이 빙하퇴적층 바로 위에는 항상 두께 수 미터 또는 수십 미터의 백색 석회암층이 놓이는 데 바탕을 두고 있다. 석회암은 보통 따뜻한 환경에서 쌓이는 암석인데, 어떻게 빙하퇴적층과 석회암층이 붙어 있을까라는 문제와 씨름하는 과정에서 지구가 완전히 빙하로 덮였다면 빙하퇴적층과 석회암층이 붙어 있을 수 있다는 결론에 도달했던 것이다.

그들은 논문에서 빙하가 지구를 모두 덮으면, 바다와 대기 사이의 상호작용이 끊어진다는 점에 일차적인 초점을 맞추었다. 현재는 대기와 바다가 직접 만나고 있기 때문에 대기와 바다는 이산화탄소를 서로 주고받으면서 이산화탄소 농도의 평형을 이루고 있다. 하지만 바다가 모두 빙하로 덮여 있다면, 바다와 대기의 교류가 끊어지기 때문에 상황은 달라진다. 그런데, 바다와 대기의 교류가 끊어진다고 해도 빙하 밑 지구에서의 화산활동은 멈추지 않는다. 이는 지구 내부의 판구조운동에 의하여 해령과 호상열도, 열점에서 화산이 계속 분출하기 때문이다. 화산에서 뿜어져 나오는 기체 중에서 가장 많은 성분은 수증기로 약 87퍼센트이며, 이산화탄소(CO_2)는 12퍼센트로 그 다음으로 많은 성분을 차지한다. 수증기는 분출하자마자 곧바로 응결하여 바닷물과 섞이지만 이산화탄소는 기체 상태로 남아 있게 된다.

이산화탄소는 가벼운 기체이기 때문에 빙하 곳곳의 갈라진 틈(crevasse)을 따라 대기로 방출되었다. 대기와 바다가 빙하에 의하여 나뉘어져 있는 상태에서 시간이 흐름에 따라 대기 중 이산화탄소의 양은 꾸준히 증가할 수밖에 없다. 우리가 잘 알고 있는 것처럼 이산화탄소는 온실기체이고, 호프만 교수팀의 연구에 의하면 대기 중 이산화탄소의 양이 크게 늘어난 어느 시점에 대기의 온도가 섭씨 50도까지 빠르게 올라갔다고 한다. 대기의 온도가 섭씨 50도까지 오르면, 바다를 덮고 있던 빙하는 빠르게 녹았을 것이다. 그러면 대기와 바다의 교류가 다시 시작되어 대기 중에 들어 있던 엄청난 양의 이산화탄소(CO_2)는 바닷물에 녹아들어가게 된다. 이 이산화탄소가 바닷물 속에 들어 있던 칼슘(Ca)과 결합하여 탄산염광물($CaCO_3$)을 침전시켰다는 시나리오다. 그러므로 빙하퇴적층 위에 곧바로 석회암층이 쌓였다는 설명이다. 사람들은 이 석회암을 덮개석회암(cap carbonate)이라고 불렀다. 석회암층이 빙하퇴적층을 덮었음을 강조하기 위함이다.

이 논문이 발표된 이후, 사람들은 해양에 어떻게 그처럼 두꺼운 빙하가 만들어 질 수 있었는지, 그리고 빙하 밑 바다에 살았던 생물들이 어떻게 생명을 유지할 수 있었는지 등등 여러 가지 문제점들을 제기하였다. 어떤 학자들은 적도 부근의 빙하는 두께가 얇았을 것이라고 주장하기도

하고, 또 어떤 학자들은 아예 적도 부근 먼 바다에는 빙하가 없었다는 수정안을 내놓기도 하였다. 빙하의 규모가 어떠했는지 그 정확한 모습을 알기는 어렵다고 해도, 신원생대 당시 지구 대부분이 빙하로 덮였다는 사실에는 의견이 일치하고 있다. 이 눈덩이 지구 가설은 21세기 첫 10년 동안 지구과학 분야에서 가장 뜨거운 논쟁거리였다.

* * *

나는 하루라도 빨리 그 석회암층을 보고 싶었다. 2011년 4월 1일, 나는 차를 몰아 충주로 향했다. 고생물학 연구실의 박태윤 박사와 대학원생 김지훈 군이 동행했다. 월악산 부근 36번 국도를 따라 가다가 황강리 지질도에서 석회암층이 분포하는 것으로 표시된 부근을 먼저 조사하기로 했다. 36번 국도에서 충주호와 월악산의 멋진 전망을 보여 주는 월악묵밥집 주차장에 차를 세우고, 식당 뒤로 나 있는 오솔길을 따라 충주호변으로 내려갔다. 이른 봄이어서 주변은 황량했지만, 나뭇잎이 나오기 전이었기 때문에 암석을 관찰하기에 좋았다. 특히 2011년 봄에는 비가 적게 내려 호수의 수위가 많이 내려가 있었고, 따라서 호수 가장자리를 따라 암석들이 잘 드러나 있었다. 이 부근을 산 위에서 바라보면 여러 갈래의 능선들이 마치 물속으로 들어가는 악어의 모습을 연상시키기 때문에 섬이 아닌데도 악어섬이라는 별칭으로 불리는 멋진 곳이다(그림 3-4).

능선에서 내려서서 만난 첫 번째 암석은 황강리층의 다이아믹타이트

그림 3-4. 월악산 부근에서 바라본 악어섬의 모습 호수 주변을 따라 황강리층의 다이아믹타이트가 잘 드러나 있다.

였다. 동쪽으로 걸으면서 호숫가에 드러난 암석을 하나하나 관찰해 나가기 시작하였다. 조사를 시작한 지 한 시간쯤 지나 지질도에 의하면 황강리층과 명오리층(검은색 천매암으로 이루어진 지층)이 만나는 곳으로 표시된 지점을 지나쳤는데도 계속 다이아믹타이트만 보였다. 내가 예상했던 것은 황강리층이 빙하퇴적층이라면, 황강리층과 명오리층 사이에 석회암층이 있어야 했다. 잠시 후, 앞서 가던 태윤으로부터 석회암을 찾았다는 메시지가 왔다.

마음이 급해졌다. 호숫가의 튀어나온 모퉁이를 돌았을 때 나타난 석회암층은 마치 커다란 백설기 덩어리를 뿌려놓은 듯했다(그림 3-5에서 A).

그림 3-5. A는 서쪽의 얇은 석회암층으로 무질서하게 놓여 있다. B는 동쪽의 두꺼운 석회암층으로 복잡하게 휘었다. 두 석회암층의 두께가 다른 이유는 이 층이 습곡작용을 받을 때 동쪽 부분으로 암석이 몰렸기 때문이다.

가까이 가서 본 석회암은 흰색 돌로스톤으로 그곳 석회암층의 두께는 1미터도 채 되지 않을 정도로 얇았다. 이 석회암층은 지질도에는 표시되어 있지 않았다. 아마도 석회암층의 두께가 얇기 때문에 당시 조사자들이 찾지 못했던 것으로 보인다. 석회암층은 다이아믹타이트와 직접 만나고 있었으며, 그 건너편에 드러난 암석은 자갈을 전혀 포함하지 않은 검은 천매암千枚岩으로 지질도에 명오리층으로 표시된 지층이었다. 내 예측이 맞을 가능성이 컸다.

석회암을 만난 기쁨을 간직한 채, 계속 동쪽으로 500미터를 더 나아갔을 때 우리는 또 다른 석회암층을 만났다. 이곳 석회암층은 옛 조사자들도 찾았던 지층으로 두께가 10미터를 넘었는데 지층이 무척 복잡하게 휘고 접힌 모습(지질학에서 습곡구조라고 부른다.)이었다(그림 3-5에서 B). 나는 그 석회암층을 사진에 담은 다음, 이 석회암층 건너편에는 또 어떤 암석이 있을지 궁금했다. 내 예상이 맞다면, 건너편에는 다이아믹타이트가 있어야 했다. 호수 기슭을 따라 올라가 확인해 보았더니 그곳의 암석은 다이아믹타이트(지질도에는 북노리층으로 표시)였다. 이곳에서도 석회암층과 다이아믹타이트는 직접 만나고 있었다. 나의 가슴은 터질 것만 같았다. 내가 예상했던 것처럼 황강리층과 북노리층은 같은 시기에 쌓인 빙하퇴적층이고, 석회암층은 덮개석회암일 가능성이 무척 컸기 때문이다.

관찰한 사실을 바탕으로 생각을 정리해 보았다. 먼저 이 다이아믹타이트는 눈덩이 지구 빙하시대인 약 7억 년 전의 빙하퇴적층일 것이라고 가정했다. 빙하가 전 지구를 덮었을 때 다이아믹타이트가 쌓였고, 빙하시대가 끝난 직후 덮개석회암층, 그리고 그 후에 검은색 천매암이 쌓였다는 해석이 가능했다. 그런데 이 짧은 구간에서 석회암층이 두 번 발견되었다. 두 석회암층 사이에는 검은색 천매암, 그리고 그 바깥쪽으로는 모두 다이아믹타이트가 분포하고 있었다.

이러한 지층 분포에서 생각할 수 있는 지질구조는 향사向斜 밖에 없다. 향사는 지층이 아래쪽으로 오목하게 접힌 습곡구조다. 그런데 황강리 지질도에는 지층의 순서를 북노리층-석회암층-명오리층-황강리층 순(당시 지질도 조사자들은 명오리층과 황강리층 사이에 있는 얇은 석회암층을 찾지 못했다.)으로 젊어지는 것으로 기록되어 있었다(그림 3-6에서 A). 실제로 밖에서 보면 지층들이 모두 서쪽으로 기울어 있기 때문에 동쪽에 있는 지층이 오랜 것처럼 보인다. 하지만 내 생각에는 북노리층과 황강리층은 같은 시기에 쌓인 빙하퇴적층이며, 이 빙하퇴적층 위에 석회암층, 그리고 석회

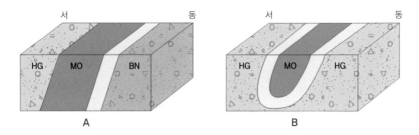

그림 3-6. 지질구조 해석의 차이에 따른 층서의 차이 비교 A는 황강리 지질도 조사자들이 생각한 지질구조로 북노리층－석회암층－명오리층－황강리층 순으로 지층의 나이가 젊어진다(당시 조사자들은 서쪽의 얇은 석회암층을 찾지 못했다). B는 필자가 생각한 지질구조로 가운데 암석이 젊고 바깥쪽으로 갈수록 지층의 나이가 많아지는 향사구조로 지층의 순서는 황강리층(=북노리층)－석회암층－명오리층이다. (HG: 황강리층, MO: 명오리층, BN: 북노리층)

암층 위에 명오리층이 쌓였다고 해석하는 것이 논리적이었다. 지층의 분포를 보면, 젊은 층이 가운데 있고 오랜 층이 바깥에 있으니까 이 지질구조는 향사다(그림 3-6에서 B). 그러므로 향사의 동쪽에서는 지층이 원래 쌓인 순서대로 놓여 있지만, 서쪽에서는 오랜 지층이 젊은 지층 위에 놓이게 된다. 지질학에서는 후자의 경우 지층이 역전되었다고 말하는데, 이는 지층이 뒤집혔다는 뜻이다.

옥천누층군의 새로운 층서

나는 서울로 올라와서 곧바로 충주호 부근의 지질 자료를 모은 다음, 지층의 층서(쌓인 순서)를 정리하는 작업에 들어갔다. 충주호 부근에 드러나 있는 지층을 우리나라 지질학계에서는 옥천누층군(아래 참조)이라고 부른다. 만일 내가 생각하는 것처럼 옥천누층군의 지층이 다이아믹타이트(황강리층)-석회암(금강석회암층)-검은 천매암(명오리층) 순으로 쌓였다면, 다이아믹타이트의 아래 놓인 지층과 검은 천매암 위에 놓이는 지층이 어떤 것이지 알아야 했다.

조사지역인 충주호 부근을 다룬 지질도로 충주, 황강리, 목계, 제천 등 모두 네 장이 발간되어 있었다. 충주와 황강리 지질도는 1965년, 제천 지질도는 1967년, 그리고 목계 지질도는 1971년에 발간되었다. 네 장의 지질도 중에서 황강리 지질도가 연구지역의 대부분을 차지하고 있었다. 당시 황강리 지질도를 만들었던 이민성과 박봉순은 당시 국립지질조사소에서 야외조사를 가장 잘한다는 평판을 듣던 분들이었다. 황강리 지질도의 섬세함에서 조사자들이 야외조사에 많은 공을 들였고 암석을 조사하면서 고민한 흔적을 엿볼 수 있었다.

황강리 지질도에는 북노리층 아래에 서창리층이, 그 아래에는 고운리층이 놓여 있었고, 명오리층 위에 황강리층, 그리고 그 위에 문주리층이 쌓인 것으로 표시되어 있었다. 그러므로 황강리 지질도에서 정한 지층의 층서를 오랜 것부터 나열하면 고운리층-서창리층-북노리층-명오리층-황강리층-문주리층 순이었다(그림 3-7, 두 번째 열). 조사자들은 석회암으로 이루어진 고운리층과 태백-영월지역의 조선누층군이 같은 시대에 쌓였을 것으로 추정하였다. 조선누층군의 암석이 대부분 석회암이고 그 지질시대가 캄브리아-오르도비스기이니까 고운리층의 지질시대를 캄브

지질시대	이민성·박봉순 (1965)	김옥준 (1968)	손치무 (1970)		Reedman 외 (1973)		최덕근 외 (2012)
중생대							
고생대	문주리층 황강리층 명오리층 북노리층		옥천층군	황강리층 운교리층 서창리층 문주리층 미원층 대향산규암층			
	서창리층		충주층군	향산리층 계명산층			
오르도비스기 캄브리아기	고운리층	조선누층군		조선누층군	충주층군	계명산층 향산리층 대향산규암층	
신원생대		군자산층 (북노리층) 황강리층 서창리층 문주리층			옥천층군	문주리층 황강리층 명오리층 북노리층 서창리층 고운리층	고운리층 명오리층 황강리층 문주리층 대향산규암층 향산리층 계명산층

그림 3-7. 학자들마다 다르게 생각한 옥천누층군의 층서와 지질시대를 비교한 표

리아-오르도비스기로 정한 것은 당시 상황으로 보았을 때 논리적이라고 말할 수 있다. 고운리층을 오르도비스기로 정했으니까 그 위에 놓인 지층의 지질시대는 모두 오르도비스기보다 젊어야 했다. 하지만 내가 생각한 층서는 황강리 지질도에 제시된 층서와 달라야만 했다. 그렇다면 당시 다른 학자들은 황강리 지질도의 층서에 대해서 어떻게 생각했을까? 그 점이 궁금했다.

충주와 황강리 부근에 분포하는 변성퇴적암은 "옥천누층군"이라고 불리는데, 이는 일찍이 1920년대에 일본인 학자들이 충청도 일대에 분포하는 변성퇴적암에 대해서 '옥천층'이라는 이름을 붙인 데에서 그 유래를 찾아볼 수 있다. 1965년 황강리 지질도가 발간된 이후, 옥천누층군은 한국 지질학계에서 가장 관심을 끄는 연구 대상이 되었다. 그 배경에는 서울대학교 손치무 교수와 연세대학교 김옥준 교수가 옥천누층군의 층서에 관해 상반된 견해를 발표하면서 열띤 학술적 논쟁을 벌였기 때문이다.

김옥준 교수가 1968년 논문에서 발표한 옥천누층군의 층서는 지질도 조사자들이 제안한 층서와 달랐다. 층의 순서를 황강리 지질도와는 달리 문주리층-서창리층-황강리층-군자산층(북노리층) 순으로 배열하였고, 옥천누층군의 지질시대가 모두 원생누대에 속한다고 제안하였다(그림 3-7, 세 번째 열). 이에 반하여 손치무 교수는 1970년 논문에서 옥천누층군을 충주층군과 옥천층군으로 나누고, 이들이 모두 캄브리아-오르도비스기 암석인 조선누층군보다 젊다고 주장하였다(그림 3-7, 네 번째 열). 1960년대 후반, 당시 한국을 대표하는 두 지질학자 사이에 벌어진 옥천누층군에 대한 학술적 논쟁은 누구의 주장이 옳고 그름을 떠나서 학문 교류의 활발한 소통이라는 측면에서 긍정적이었다.

이 논쟁의 소용돌이 속에 외국학자인 리드만(Anthony Reedman) 박사가 가세하면서 옥천누층군에 대한 연구는 새로운 국면을 맞는다. 리드만 박사는 한영韓英 과학협력 프로그램의 일환으로 영국 정부에서 파견한 구조지질학자로 국립지질조사소(현 한국지질자원연구원)에 근무하면서 당시 유럽 지질학의 새로운 연구경향을 소개하는 역할을 담당하였다. 1973년 그는 국립지질조사소에 근무하는 한국 지질학자들과 함께 황강리 부근의 층서와 지질구조에 관한 새로운 해석을 발표하였다. 황강리 일대의 옥천누층군은 손치무 교수의 의견에 따라 옥천층군과 충주층군으로 구분하였지만, 지질시대는 손 교수의 생각과 달리 옥천층군은 원생누대, 충주층군은 캄브리아-오르도비스기에 쌓였다고 주장하였다. 옥천층군에는 황강리 지질도에서 제안한 층서를 그대로 받아들여 고운리층-서창리층-북노리층-명오리층-황강리층-문주리층 순으로, 그리고 충주층군은 대향산규암층-향산리층-계명산층 순으로 쌓인 것으로 제안하여 손치무 교수나 김옥준 교수와 전혀 다른 층서와 지질시대를 제시하였다(그림 3-7, 다섯 번째 열). 리드만이 충주층군의 지질시대를 캄브리아기로 정한 것은 당시 알려졌던 지질학 정보로 보았을 때 타당한 결정이었다. 왜냐하면, 1972년 충주지역 향산리층에서 고배류(Archaeocyatha) 화석을 찾았다는 논문이 발표되었기 때문이다. 고배류 화석은 캄브리아기에만 살았던 멸종 동물이기 때문에 이 화석의 존재는 곧 향산리층이 캄브리아기에 속함을 의미한다.

1970년대에 제안되었던 옥천누층군 지질시대에 관한 의견은 크게 세 가지로 요약할 수 있다. 옥천누층군의 지질시대를 김옥준 교수는 모두 원생누대로 추정하였고, 손치무 교수는 오르도비스기 이후의 고생대라고 주장하였으며, 리드만은 하부를 원생누대, 그리고 상부를 캄브리아-오르도비스기에 해당하는 것으로 생각하였다. 1980년대 이후 옥천누층군 충서에 대한 연구는 별다른 진전이 없었지만, 1990년 이후 발간된 논문을 보면 대부분의 연구자들은 옥천누층군의 지질시대를 고생대로 생각하는 경향을 보여 주었다.

옥천누층군의 암석은 대부분 변성퇴적암이다. 변성퇴적암은 원래는 퇴적암이었는데, 변성작용을 받아 변한 암석이다. 나는 어느 지역에 대한 지질조사를 시작할 때, 그 지역의 암석이 어떤 환경에서 어떤 과정을 겪어 생성되었는가하는 점을 먼저 신중히 고려하면서 조사해야 한다고 생각한다. 특히 퇴적암은 쌓이는 장소(이를 퇴적분지라고 한다.)가 있어야 하는데, 퇴적분지는 어떻게 만들어졌으며 또 시간이 흐름에 따라 퇴적분지가 어떻게 변해갔는지 고민해야 한다는 뜻이다. 퇴적분지는 퇴적물이 쌓이는 곳이니까 일반적으로 지형이 낮은 곳이다. 그러므로 새로운 퇴적분지가 생겨났다는 이야기는 그 지역을 지형적으로 낮아지게 하는 어떤 사건이 있었음을 의미한다. 우리는 퇴적암을 조사할 때 퇴적분지를 만든 그 지질학적 사건이 무엇인지 고민해야 한다.

1970년대 초만 하더라도 우리나라 학계에는 판구조론이 전해지지 않았다. 당시 학자들은 판구조론이라는 개념이 없는 상태에서 암석을 연구했기 때문에 퇴적분지의 형성 메커니즘이나 그 배경에 대해서는 전혀 고려하지 않았다. 아니 고려할 수도 없었다. 하지만 지금 우리는 판구조론의 개념을 알고 있다. 모든 퇴적분지의 형성과 그곳에 쌓인 암석들의 기록은 판구조론의 관점에서 설명되어야 한다.

앞 장에서 이미 소개했던 것처럼, 지난 20여 년 동안 태백산분지의 고생대층을 연구하면서 내린 중요한 결론 중 하나는 고생대 이전에 태백산 분지는 중한랜드에 속했지만, 옥천누층군이 쌓인 충청분지는 남중랜드에 연결되었다는 점이었다. 만일 이 주장이 맞다면, 충청분지는 남중랜드에 속했으니까 충청분지에 쌓인 암석의 역사는 남중랜드의 역사와 공통점이 있을 것이다. 그렇다면 남중랜드의 지질정보로부터 옥천누층군의 역사와 관련된 힌트를 얻을 수 있다. 여기까지 생각이 미치자 나는 남중국의 신원생대와 고생대 지층에 관한 자료를 찾기 시작했다. 특히 최근 10년 동안에 이루어진 연구 성과를 중심으로 논문을 읽어나갔다. 논문을 읽다 보니 남중국의 지질 역사와 충청분지의 지질 역사에 놀라운 공통점이 있음을 알게 되었다. 내가 남중국의 자료로부터 파악한 10억 년 전에서 5억 년 전 사이에 남중랜드에서 일어났던 중요한 사건을 요약하면 다음과 같다.

약 10억 년 전, 남중랜드는 초대륙 로디니아(Rodinia)의 가장자리에 있었다. 8억 5000만 년 전에 이르렀을 때, 남중랜드의 가운데 부분이 갈라지면서 그 자리에 난후아(Nanhua)분지라는 넓고 길쭉한 골짜기가 만들어졌다. 아마도 오늘날의 동아프리카 열곡대 또는 동해와 비슷한 모습이었을 것이다. 이 골짜기가 열리면서 시작된 화산활동으로 두꺼운 화산퇴적층이 쌓이기 시작했고, 이 화산활동은 7억 2000만 년 전까지 간헐적으로 이어졌다. 이 무렵 지구는 눈덩이 지구 빙하시대에 접어들었으며, 난후아분지에는 시기를 달리하는 2번의 빙하퇴적층이 쌓였다. 첫 번째 빙하퇴적층(Changan층)은 7억 2000만 년 전에서 6억 6000만 년 전, 그리고 두 번째 빙하퇴적층(Nantuo층)은 6억 5000만 년 전에서 6억 3500만 년 전 사이에 쌓인 것으로 알려졌다. 두 번째 빙하활동이 끝난 직후, 빙하퇴적층 위에 덮개석회암층이 쌓였고, 그 위에 흑색 셰일(Doushantuo층), 석회암(Dengying층)이 순차적으로 쌓였다. 맨 위에 놓인 석회암층은 5억 5000만 년 전에서 5억 4000만 년 전 사이에 쌓인 것으로 알려져 있다.

충주에서 돌아온 나는 그동안 조사한 자료를 정리하는 한편, 옥천누층군에 대한 최근 우리나라 학자들의 연구 논문들을 조사하기 시작했다. 놀랍게도 충청분지 내에서도 두 번의 화산 분출시기가 알려져 있었다. 첫 번째는 계명산층으로부터 8억 7000만 년 전이라는 연령 측정 자료가 있었고, 두 번째는 문주리층에서 7억 5000만 년 전의 화산활동이 있었다는 연구결과가 발표되어 있었다. 이들 화산암의 화학분석 자료에 의하면, 두 차례 화산활동 모두 대륙 내에서 일어났다고 한다. 나는 이 자료가 무척 중요하다는 판단 아래, 화산퇴적층과 빙하퇴적층의 관계를 고려하여 남중랜드의 자료와 비교하였다. 결과는 놀라웠다. 충청분지에서 일어났던 사건이 남중랜드에서 일어났던 사건과 거의 같았기 때문이었다. 나는 신원생대 때 충청분지와 난후아분지가 하나의 커다란 분지로 연결되어 있었다는 가정 아래, 충청분지의 암석 생성 순서를 다음과 같이 정리해 보았다.

충청분지는 남중국의 난후아분지와 함께 태어났다. 바꾸어 말하면, 충청분지와 난후아분지는 당시에 지리적으로 연결되어 있었다는 뜻이다. 충청분지가 탄생했던 8억 7000만 년 전, 이 분지에 맨 처음 쌓인 암석은 주로 화산암과 화산쇄설물로 계명산층을 이루었다. 그 후 화산활동이 잠잠했던 기간에 향산리돌로마이트층과 대향산규암층이 쌓였다. 화산활동이 다시 활발해진 7억 5000만 년 전 무렵, 대향산규암층 위에 화산암과 화산퇴적물로 이루어진 문주리층이 쌓였다. 나는 대향산규암층과 문주리층 사이의 관계를 부정합으로 생각하였다. 그 이유는 대향산규암층이 지역에 따라 나타나지 않았기 때문인데, 이는 대향산규암층이 쌓이고 난 후 잠시 침식작용이 일어났고, 그 위에 문주리층이 쌓인 결과로 해석하였다. 7억 2000만 년 전, 눈덩이 지구 빙하시대가 도래하여 지구 전체가 빙하로 덮였다. 이 시기에 충청분지에는 빙하퇴적층인 황강리층이 문주리층 위에 쌓였고, 빙하시대가 끝나자마자 덮개석회암층이 그 위에 쌓였다. 그 후, 따뜻해진 바다에서 흑색 또는 암회색 셰일(또는 천매암)로 이루어진 명오리층이 쌓였으며, 마지막으로 그 위에 석회암으로 이루어진 고운리층이 쌓였다.

위와 같은 퇴적분지의 진화과정을 고려하여 생각해 낸 충청분지 암석의 퇴적순서는 계명산층-향산리돌로마이트층-대향산규암층-문주리층-황강리층-석회암층-명오리층-고운리층 순이다(그림 3-8). 나는 이 층서를 바탕으로 충주호 일대의 지질도를 새롭게 그렸고, 그 내용을 정리하여 2012년 국내 SCI학술지인 《지오사이언스저널(*Geosciences Journal*)》에 발표하였다. 이 논문에서 나는 명 오리층을 금강석회암멤버와 서 창리멤버로 나눌 것을 제안하였 다. 그리고 옥천누층군의 지질시 대는 화산퇴적층에 대한 연령측 정 자료와 황강리층이 눈덩이 지 구 빙하시대에 쌓였다는 해석을 발판으로 모두 신원생대로 처리 하였다. 이러한 옥천누층군의 층

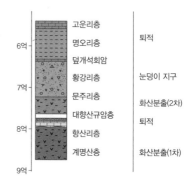

그림 3-8. 필자가 제안한 옥천누층군의 층서와 당시에 일어났던 지질학적 사건

서는 예전에 리드만이 제안했던 옥천누층군의 층서를 완전히 거꾸로 뒤 집어 놓은 것과 같다(그림 3-7 참조).

연구를 도와주는 손길

나는 충주호반에서 찍은 덮개석회암층 사진 몇 장을 이메일에 첨부하여 콜로라도대학교의 폴 마이로우에게 보냈다. 며칠 후, 마이로우로부터 답 장이 왔는데 가능하면 빨리 한국을 다시 방문하여 충주 부근의 암석을 조사해 보고 싶다는 이야기다. 마이로우가 덮개석회암층 사진을 그의 친 구인 미국 MIT(매사추세츠공과대학)의 샘 보우링(Sam Bowring) 교수에게 보 냈더니 그도 조사에 합류하고 싶다고 한다. 보우링 교수는 암석연령측정

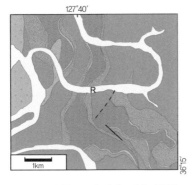

그림 3-9. 옥천 부근의 지질도 얇은 석회암층(하늘색)이 황강리층(주황색)과 서창리멤버(짙은 회색) 사이를 따라 분포한다.

연구 분야에서 세계 최고 권위자로 인정받고 있는 학자다. 나는 미국 학자들의 도움이 있으면 더욱 빨리 옥천누층군의 문제를 해결할 수 있겠다는 생각에 긍정적인 회신을 보냈고, 그 후 몇 차례 이메일을 주고받으면서 다가오는 6월에 일주일가량 충주호 주변을 함께 조사하기로 했다.

나는 미국 학자들이 오기 전에 충주호 부근의 지질에 관하여 더 많은 내용을 알아내야 한다는 생각 아래 지질조사를 서둘렀다. 4월 하순, 충주호 주변에서 덮개석회암층이 분포하는 다섯 곳을 더 확인하였는데, 다섯 군데 모두 다이아믹타이트와 석회암이 직접 만나고 있었다. 다이아믹타이트가 눈덩이 지구 빙하시대에 쌓였다는 확신을 주기에 충분하였다. 나는 내가 생각해 낸 지층의 퇴적순서가 충주호로부터 멀리 떨어진 지역에서는 어떻게 나타나고 있을지 궁금했다. 그래서 옥천누층군이 분포하는 지역의 지질도를 모두 검토하였는데, 충주에서 남쪽으로 약 100킬로미터 떨어져 있는 옥천 부근에도 황강리층이 넓게 분포하고 있었다. 그런데 옥천 지질도가 나를 놀라게 한 것은 지질도 조사자들이 황강리층과 명오리층의 경계를 따라 얇은 석회암층을 정확히 그려 넣은 점이었다(그림 3-9). 나는 탄성을 질렀다. 그러한 암석 분포는 내가 지금 생각하고 있

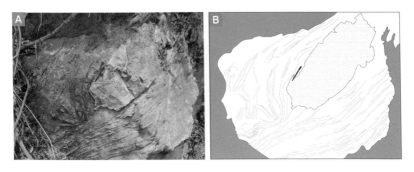

그림 3-10. 옥천 부근 금강석회암멤버 내에 들어있는 드롭스톤(화강암)

는 옥천누층군의 층서가 옥천지역에서도 똑같이 적용됨을 의미하기 때문이다.

나는 옥천 부근의 암석을 빨리 보고 싶었다. 그래서 5월 4일 차를 몰아 옥천으로 향했다. 지질도에 황강리층과 석회암층이 만나는 것으로 표시된 금강유원지 부근의 도로와 강을 따라 조사를 시작했다. 지질도에 표시된 것처럼 그곳에는 황강리층의 다이아믹타이트와 석회암층이 직접 만나고 있었다. 나는 옥천지역에서도 충주에서 정한 암석의 층서가 그대로 적용된다는 사실에 기쁨을 감추기 어려웠다. 이곳에서 나를 더욱 기쁘게 한 것은 석회암층 속에 박혀 있는 길이 약 70센티미터의 화강암 덩어리였다(그림 3-10). 석회암 속에 어떻게 이처럼 커다란 화강암 덩어리가 들어갈 수 있을까?

순간적으로 머릿속에 떠오른 그림은 이 화강암 덩어리가 빙산에 실려 바다 위를 떠돌다가 빙산이 녹을 때 석회암이 쌓이고 있던 바다 밑으로 떨어지는 모습이었다. 이러한 암석덩어리를 지질학에서는 '드롭스톤(dropstone)'이라고 부른다. 이 화강암 덩어리가 드롭스톤이라면, 이는 이 부근의 암석이 빙하가 있던 주변 환경에서 퇴적되었다는 사실을 알려 주는 강력한 증거가 된다.

이 암석의 주위를 자세히 관찰해 보면, 암석이 바닥으로 떨어질 때 퇴적물을 옆으로 밀쳐낸 흔적이 남아 있다. 이러한 퇴적구조를 말린층리라고 부른다. 이 퇴적구조로부터 지층의 상하 관계를 판단해 보면, 겉보기에 아래에 있는 지층(석회암층)이 위에 놓인 다이아믹타이트(황강리층)보다 젊어야 한다. 즉, 이곳의 지층은 뒤집혀 있다는 뜻이다. 따라서 이 작은 암석덩어리 하나가 알려 주는 지질학적 의미는 엄청나다. 이 '드롭스톤' 하나가 이 부근의 암석이 빙하시대 언저리에 쌓였다는 것을 알려줄 뿐만 아니라 이곳의 지층들이 나중에 일어난 조산운동으로 뒤집혀 있다는 사실도 기록하고 있기 때문이다. 암석은 말이 없지만, 자기가 살아온 역사를 누군가가 읽어 주기를 오랫동안 기다리고 있었던 것이다.

나는 옥천누층군을 연구하기 위한 조사범위를 정해야 했다. 짧은 기간에 드넓은 충청분지를 모두 조사하기는 불가능하다. 따라서 연구하기에 좋은 지역을 정하여 먼저 조사한 다음, 조사지역을 확대해 가는 방향으로 가닥을 잡았다. 나는 먼저 옥천누층군이 잘 드러난 충주호 일대를 중점적으로 조사하기로 정하고, 충주호 부근의 지질도 4개(충주, 황강리, 제천, 목계)를 모았다. 먼저 각 지질도에 표기된 지층들의 분포를 종합하여 내가 새롭게 세운 층서를 바탕으로 그들의 분포를 이해할 수 있는 모습으로 재구성하였다. 아울러 6월에 방문할 미국 학자들에게 충주호 일대의 지질을 소개할 안내서를 만들었다. 안내서 앞 부분에 한반도의 전반적인 지질 역사를 간략히 소개한 다음, 조사 예정지역인 충주호 부근의 충서와 고지리에 관한 나의 생각을 담았다. 암석 시료 채취를 위한 조사는 충주호 주변을 중심으로 하고, 옥천지역 조사에 하루를 할당하였다.

2011년 6월 10일. 폴 마이로우, 샘 보우링, 라이언 맥켄지가 인천공항에 도착하였다. 원래 마이로우의 학생인 자크 슈나이더(Zach Snyder)도 오기로 되어 있었으나, 비행기 연결에 문제가 생겨 지금 한국으로 오는 비행기 속에 있다고 한다. 자크는 콜로라도대학교 3학년 학생으로 한국에 관한 관심이 많아 한국어를 제2외국어로 공부하고 있고, 한국에 무척 오고 싶어 했단다. 6월 10일 저녁, 우리 일행은 자크를 빼고 모두 수안보파크호텔에 모였다. 이번 조사에 참여하는 사람은 미국인 4명과 극지연구소의 우주선 박사와 김영환 군, 그리고 나를 포함해 모두 7명이다.

6월 11일 아침, 나는 1시간가량 충주호 주변의 지질을 미국 친구들에게 소개한 후 10시에 조사지역으로 출발했다. 내가 봄철에 맨 처음 방문했던 다이아믹타이트(황강리층)와 덮개석회암이 분포하는 월악묵밥집 부근의 호숫가다. 충주호 수위는 무척 낮았다. 마침 충주호관리사무소에서 곧 시작될 장마에 대비하여 충주호 물을 많이 방류했기 때문인데, 따라서 호숫가를 따라 암석이 잘 드러나 있었다. 마이로우가 나에게 우리 조사를 위해서 충주호관리사무소에 수위를 내려달라고 부탁했느냐고 농담을 건넨다. 나는 웃으면서 그렇다고 대답하고 호반으로 내려섰다. 먼저

그림 3-11. 황강리층 내에 들어있는 2.3미터의 화강암 덩어리

다이아믹타이트로 이루어진 황강리층을 관찰하면서 암석 연령 측정을 위한 시료를 채취하였다. 시료 중 하나는 지름이 자그마치 2.3미터인 화강암 덩어리에서 채취했는데, 이는 내가 만난 황강리층에 들어 있는 자갈 중에서 가장 큰 덩어리였다(그림 3-11).

월악묵밥으로 가볍게 점심식사를 한 후에 나는 연구팀을 덮개석회암이 드러난 호반으로 안내했다. 그 덮개석회암(그림 3-5에서 B)은 심하게 구부러져 있었기 때문에 어디가 위이고 어디가 아래인지 알기 어려웠다. 하지만 덮개석회암일 가능성이 크기 때문에 이들을 관찰하고 첫날 조사를 마쳤다. 그날 저녁 일찍 잠이 들었는데, 휴대폰 전화벨이 울리기 시작한

그림 3-12. 충주 호변의 황강리층과 덮개석회암층의 접촉부(해머의 머리가 있는 부분이 경계)
오른쪽이 황강리층이고, 왼쪽의 튀어나온 암석이 덮개석회암층이다.

다. 꿈결에 전화를 받으니까 자크가 인천공항에 도착하여 충주행 공항버
스를 탔고, 지금은 버스 속이라고 한다. 나는 자크에게 충주터미널에 도
착하면 택시를 타고 수안보파크호텔까지 오라고 말하고 전화를 끊었다.

6월 12일 아침, 우리 일행은 덮개석회암이 잘 드러난 곳을 조사하기
위해서 황강리로 향했다. 황강리는 충주호가 건설되기 전에는 수천 명
이 살았을 정도로 큰 마을이었단다. 우리나라 지질도 중에 황강리 도폭
이 있는 것에서 예전에 황강리가 제법 큰 마을이었다는 추정이 가능했
다. 1985년 충주호가 완성된 후 황강리 마을의 대부분은 물속에 잠겼고,
현재는 높은 곳에 자리하고 있던 몇 가구가 농사를 지으며 살고 있을 뿐

이다. 황강리 부근 호숫가에 다이아믹타이트와 덮개석회암이 드러난 곳두 군데서 암석연령측정과 동위원소 분석을 위한 시료를 채취하였다(그림 3-12).

6월 13일에는 같은 학부의 조문섭 교수가 조사에 동행하여 그가 그동안 연구했던 지역을 함께 관찰하기로 했다. 조 교수의 안내로 오전에 봉화재 부근에서 각섬암과 규암을 관찰하였고, 오후에는 단양에 있는 금수산을 찾아 그곳에서도 암석연령측정을 위한 시료를 채취하였다.

6월 14일, 오늘 조사할 곳은 충청북도 옥천이다. 9시에 수안보를 출발하여 약 2시간을 달린 끝에 11시 무렵 옥천 금강유원지에 도착하였다. 먼저 황강리층의 다이아믹타이트에서 암석 시료를 채취한 후 도로변을 따라 넓게 드러난 덮개석회암으로 갔다. 바로 석회암 속에 길이 70센티미터의 화강암 덩어리가 들어 있는 그곳이다(그림 3-10). 마이로우와 보우링은 그 암석을 보는 순간 눈이 번뜩이는 듯했다. 마이로우가 내게 묻는다. 이 암석을 어떻게 생각하는지…… . 내가 예전 조사를 했을 때 이 덩어리를 드롭스톤으로 생각했다고 하니까 마이로우가 엄지손가락을 치켜세운다.

금강유원지에서 얻은 또 다른 수확은 덮개석회암층 위에 쌓인 검은 셰일층(서창리멤버)에서 화산재층을 찾은 점이다. 마이로우와 대학원생들이 금강유원지 부근의 덮개석회암층에서 동위원소 분석을 위한 시료를 채취하고 있을 때, 나는 보우링과 함께 주변 암석을 관찰하고 있었다. 그때 검은 셰일층 속에서 특이한 구조가 눈에 뜨였다(그림 3-13). 도로 가장자

그림 3-13. 서창리멤버 내에 들어 있는 두 개의 화산재층(옅은 회색 부분)

리를 따라 잘 드러난 암석 표면에 가느다란 회색 선 몇 개가 지나가고 있었다. 회색 선의 두께는 2~3센티미터로 얇았지만, 나는 순간적으로 이들이 화산재층이라고 생각했다. 옆에 있던 보우링에게 내 생각을 말했더니 보우링도 나와 같은 생각이라며 이 화산재층을 채취하자고 한다. 대학원생들이 2시간 동안 교대로 작업하여 그 화산재층을 모두 캐냈다. 이 화산재층이 중요한 이유는 이곳에 검은 셰일층이 쌓이고 있을 당시 부근에서 분출한 화산에서 화산재가 날아와 쌓였고, 화산재층은 암석 연령 측정이 가능한 암석이니까 결국 검은 셰일층이 쌓일 당시의 나이를 측정하는 셈이 되기 때문이다. 옥천에서 시료 채취를 마친 후 오후 4시 무렵 우리는 그곳을 떠났다. 수안보로 돌아가는 차 속에서 마이로우와 보우링 모두 박수를 쳤다. 오늘이 이번 야외조사의 하이라이트였단다.

6월 15일. 오늘은 오전에 조사를 끝내고 서울로 올라가는 날이다. 원래는 오늘까지 충주호 부근을 조사한 다음, 내일 인천공항으로 곧바로 가도록 계획하였지만 미국 친구들 특히 젊은 친구들이 잠시라도 서울을 구경하고 싶단다. 그래서 아침에 짐을 꾸려 차에 싣고, 오전 조사대상인 문주리층 분포지역으로 갔다. 그곳에서 연령측정을 위한 시료를 채취하고 난 후에 보우링이 문주리층과 황강리층이 직접 만나는 곳을 보고 싶다고 말했다. 그래서 나는 예정을 바꾸어 충주호 북쪽 충주댐 부근의 문주리층과 황강리층이 만나고 있는 도로로 일행을 안내했다.

암석이 도로 절단면을 따라 잘 드러난 곳인데, 봄철 조사에서 북쪽의 검은 천매암은 문주리층, 남쪽의 밝은 색의 암석은 황강리층이라고 기록했었다. 그 이유는 남쪽의 밝은 색 암석에 자갈처럼 보이는 석영 알갱이가 듬성듬성 들어 있었기 때문이었다. 그 암석을 관찰하던 보우링은 잠시 머뭇거리면서 자갈이라고 생각되는 알갱이가 모두 석영이면 빙하퇴적층이 아닐 수도 있다고 말한다. 그 이유는 이 알갱이처럼 보이는 것이 사실은 화산이 분출할 때 쌓인 퇴적물 사이에 있던 빈 공간을 나중에 석영이 채울 수 있기 때문이란다. 그러므로, 이 밝은 색 암석은 화산암일 가능성이 있다는 설명이다. 나는 깜짝 놀랐다. 나는 알갱이가 들어 있는 암석을 무조건 빙하퇴적물이라고 생각했는데…….

그래서 우리는 다이아믹타이트라고 확신할 수 있는 곳을 부근에서 찾아보기로 했다. 도로를 따라 남쪽으로 이동하면서 드러난 암석을 하나

하나 점검해 나갔다. 약 500미터를 더 나아갔을 무렵, 석회암과 규암이 자갈로 들어 있는 다이아믹타이트를 찾았다. 그러므로 이곳의 암석은 분명한 빙하퇴적물이다. 그래서 다시 방향을 돌려 빙하퇴적물이 끝나는 지점을 찾아보기로 했다. 드디어 빙하퇴적물과 화산암이 직접 만나는 곳을 포탄리 부근 도로변에서 확인하였다. 그러므로 이곳 화산암은 문주리층 중에서 가장 젊은 암석이다. 이 암석의 연령을 알면 충청분지에서 화산활동이 언제 끝났는지, 그리고 빙하시대는 언제쯤 시작했는지를 추정할 수 있다. 이곳에서 암석연령측정을 위한 시료를 채취한 후, 부근에 있는 작은 식당에서 점심식사를 하고 나는 그들과 헤어졌다. 미국 친구들을 서울까지 안내하는 일은 주선과 영환에게 부탁했다.

나는 이번 야외조사에서 또 다른 경험을 했다. 박사학위를 받고 나면 누군가에게 새로운 내용을 배울 기회가 적다. 특히 암석보다는 화석에 더 친숙한 나에게 암석에 관한 새로운 내용을 배울 기회는 드물었다. 이번 조사에서 암석연령측정 전문가인 보우링과 퇴적학자인 마이로우와 함께 야외에서 암석에 관한 논의를 하면서 암석을 보는 방식이 사람마다 사뭇 다르구나하는 점을 느꼈다. "아는 만큼 보인다."라는 말처럼 암석에 대한 경험과 지식이 많으면 많을수록 암석을 더 잘 알아볼 수 있다는 사실을 새삼 깨달은 기회였다. 앞으로도 무언가 새로운 것을 배우기 위해 더욱 노력해야겠다는 다짐을 해보았다.

졸업 40년을 맞이하여

2011년 봄 학기가 끝나자마자 나는 충주호 일대 옥천누층군에 대한 본격적인 지질조사 계획을 세웠다. 당시 고생물학 연구실에는 석사과정 대학원생으로 김지훈 군 한 명이 있었는데, 김 군은 캄브리아기 삼엽충의 개체발생과정을 연구하고 있었기 때문에 야외조사에 투입할 수 없었다. 그래서 나는 아내에게 야외조사의 무보수 연구보조원으로 참여하도록 도움을 요청했다. 산과 들을 혼자 다니는 것보다 둘이 다니면 덜 위험하기 때문이다. 나는 옥천누층군 야외조사를 위해서 이번 여름방학을 모두 할애하기로 하고, 1차로 7월 한 달 동안 충주호 주변을 조사하기로 했다. 6월 28일 아침, 수안보를 향해 출발한 나는 가슴이 설렜다. 그곳의 암석은 과연 내가 생각하고 있는 층서로 놓여 있을까? 수안보로 가는 차 속에서 동행하는 아내에게 "여보! 충주호의 암석을 만날 생각을 하니 가슴이 설레."라고 말했더니 아내가 어이없어 한다.

막 시작된 여름의 햇살은 무척 따가웠다. 그래도 오전에는 조사하기가 괜찮은데, 햇볕이 강하게 내려쬐는 오후에는 걸음을 옮기기도 어렵다. 나는 계획을 바꾸어 야외조사는 오전 서늘한 때만 하고, 오후에는 자료정리와 논문을 읽으면서 휴식을 취하기로 하였다. 새벽에 일찍 일어나 가벼운 아침식사를 한 후, 충주호 주변을 조사해 나가기 시작하였다. 내가 새롭게 세운 옥천누층군의 층서를 야외에서 일일이 확인하기 위함이다. 조사를 진행해 나가면서 내가 생각하고 있는 층서가 옳다는 것을 확인할 때마다 그 기쁨은 말로 표현하기 어려웠다.

내가 대학을 졸업한 해가 1971년이니까 2011년은 대학을 졸업한 지 40년째 되는 해였다. 나는 대학 동기들과 함께 대학 졸업 40주년을 기념하는 행사로 내가 그동안 조사했던 영월과 충주 부근의 학술답사를 계획하고 동기생들에게 의견을 물었다. 20대 초반 모두 청운의 뜻을 품고 대학생활을 시작한 때가 엊그제 같은데, 이제 60대 초로의 나이에 접어들어 40여 년 전 대학생활을 추억함은 나름대로 뜻이 있을 것이라고 생각했기 때문이다. 동기생들로부터 긍정적인 답변이 왔고, 이왕이면 부부가 함께 모이는 것이 좋겠다는 의견도 들어왔다. 나는 곧바로 모임의 구체적 계획을 세웠다. 일단 내가 지난 20여 년 동안 조사했던 영월 부근을 답사하고, 그 다음에는 내가 조사를 진행하고 있는 충주호 암석을 소개하면서 우리나라의 멋진 풍광과 맛있는 음식을 곁들이기로 하였다.

7월 11일 아침, 나는 아내와 함께 동기생들이 모이기로 약속한 영월로 차를 몰았다. 11시에 영월 입구에 있는 장릉莊陵 주차장에서 친구들이 도착하기를 기다리는데 호영, 일영, 승렬, 성환, 석영 순으로 속속 도착했다. 장릉 부근에 있는 보리밥집에서 보리밥에 도토리묵과 파전을 곁들인 점심을 한 후, 첫 답사 장소인 분덕재(그림 3-1)로 가서 5억 살의 오랜 지층이 3억 살의 젊은 지층 위로 밀려올라가 있다는 설명을 해 주었더니 신기해하는 친구가 있다. 참석한 친구들 중에는 지질학 분야에 종사한 사람도 있지만, 대학을 졸업한 후 지질학과 전혀 관련이 없는 직장에 근무했던 친구들에게는 무척 신기한 내용이었을 것이다. 분덕재를 떠나 두 번째 방문한 곳은 캄브리아기 삼엽충 화석이 많이 발견되는 공기리 지역이다.

공기초등학교 옆 도로에 주차한 후, 오솔길을 20분가량 걸어올라 공기리 화석산지에 도착하였다. 나는 학생들에게 강의할 때처럼 이곳에서 관찰할 사항을 설명해 주고, 삼엽충 화석을 찾아보라고 말했다. 대부분의 친구들과 부인들은 화석을 찾아본 경험이 전혀 없었기 때문에 기대를 많이 하고 있는 듯 보였다. 얼마 지나지 않아 한 사람씩 삼엽충 화석을 찾기 시작하니까 마치 어린아이처럼 좋아한다. 잠시 40여 년 전 학창시절로 돌아간 듯하다. 나는 자연에서 일어난 일은 누구나 쉽게 이해할 수 있어야 한다고 생각한다. 사실 이번 대학동기생들의 졸업 40주년 기념 모임을 주선한 배경에는 내가 현재 연구하고 있는 내용을 소개하였을 때 이 친구들이 그 내용을 얼마나 수긍할지 알고 싶은 속마음도 있었다. 자연에서 일어났던 일들을 논리적으로 설명했을 때, 보편적 지식을 가진 사람이면 누구나 그 내용을 이해할 수 있어야 한다고 믿기 때문이다.

오후 4시 경, 공기리를 떠나 수안보로 가는 도중에 저녁식사를 하기 위해서 단양에 들렀다. 내가 좋아하는 단양의 전통마늘정식을 친구들에게 대접하기 위해서다. 식사 후 수안보로 가는 도중에 구담봉과 옥순봉의 멋진 모습을 배경으로 기념사진을 찍고, 숙소인 수안보파크호텔에 여장을 풀었다.

다음 날, 내가 새롭게 연구하고 있는 충주호의 빙하퇴적층을 보여 주기 위해 동기생들을 충주댐 부근으로 데려갔다. 호젓한 도로변에 드러난 다이아믹타이트 암석 앞에서 내가 이 암석을 빙하퇴적층이라고 생각하게 된 배경을 설명하였더니 모두 놀라워한다. 대부분의 친구들이 지질학을 떠난 지 오래되었지만, 수억 년 전 암석에서 땅덩어리의 옛 역사를 읽어낸다는 사실 자체만으로도 충분히 흥미로웠으리라. 이따금 "지질학과에 들어간 것을 후회한다." 말하곤 했던 친구가 내 설명이 끝난 후 지질학이 이처럼 흥미진진한 내용을 다루는지 미처 몰랐다는 코멘트를 했다. 나는 그의 진심어린 코멘트에서 이번 졸업 40주년 기념 모임의 의의를 찾을 수 있었다.

4장 우리 땅의 역사를 찾아서

한반도의 역사와 미래

우리 삶의 터전인 한반도를 이루고 있는 산과 하천, 그리고 평야의 배열이나 분포는 지난 수억 년 동안 한반도가 겪었던 역사를 반영한다. 나는 그동안의 연구를 바탕으로 내가 이해한 이 땅덩어리의 이야기를 간추려 우리 한반도의 역사를 누구나 알기 쉽게 풀어보려고 한다.

판구조론으로 본 한반도

한반도는 남북으로 약 1,000킬로미터, 동서로 약 250킬로미터이며, 전체 면적은 22만 제곱킬로미터로 알려져 있다. 북으로는 압록강과 두만강을 경계로 중국과 만나며, 다른 삼면은 바다로 둘러싸여 있다. 한반도에는 산이 많다. 국토의 약 70퍼센트가 산악지대이며, 나머지 30퍼센트는 평야나 언덕을 이룬다. 태백산맥을 따라 거의 남북으로 달리는 분수령을 경계로 동쪽은 경사가 가파르며, 서쪽으로는 경사가 완만하여 구불거리는 큰 하천들이 흐르고 있다.

한반도는 여러 갈래의 산맥과 이들을 가르는 계곡, 그리고 평야지대로 구분된다. 산맥들은 크게 세 방향으로 달리는데, 이를 각각 한국방향, 중국방향, 요동방향이라고 부른다. 한국방향에 속하는 산맥은 북북서-남남동 방향의 태백산맥과 마천령산맥, 그리고 거의 남북 방향인 낭림산맥이 있다. 중국방향으로 배열된 산맥에는 북북동-남남서 또는 북동-남서 방향의 소백산맥, 노령산맥, 차령산맥 등 주로 남부지역에 있는 산맥들이 여기에 속한다. 요동방향의 산맥에는 동북동-서남서 방향으로 배열된 적유령산맥, 묘향산맥, 함경산맥 등이 있으며, 주로 북부지역에 분포한다.

판구조 지도를 보면, 한반도는 유라시아판의 동쪽 가장자리를 차지하고 있다(그림 4-1). 동쪽으로는 동해를 넘어 일본열도 북동부에서 북아메리카판과 태평양판과 만나며, 남쪽으로는 남해와 멀리 동중국해를 지나 필리핀해판과 접하고 있다. 서쪽으로는 서해를 건너 중국과 연결되지만, 그 사이에 판의 경계는 없어 보인다. 어떤 사람들은 바이칼호수를 따라 남쪽으로 그어지는 경계를 따라 동쪽에 속하는 부분을 아무르(Amurian)판이라고 부르기도 하지만 학계에서는 아직 이를 인정하지 않고 있다. 만일 이 아무르판의 존재가 받아들여진다면, 한반도는 만주지역과 동해와 함께 아무르판에 속하게 될 것이다.

서해와 남해는 모두 대륙붕 위에 놓이는 얕은 바다이지만, 동해는 깊은 곳이 3,000미터를 넘을 정도로 깊어 판구조 관점에서 서해와 남해와 근본적으로 다르다. 달리 표현하면, 서해와 남해는 대륙의 연장이지만, 동해는 해양이 되려다 실패한 바다라고 말할 수 있다. 지각의 두께도 한반도와 서해, 남해의 경우는 28~32킬로미터로 대륙지각에 속하지만 동

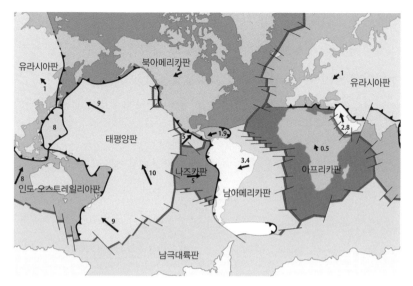

그림 4-1. 현재 알려진 판의 분포도
(화살표와 옆의 숫자는 판의 이동 방향과 1년에 이동하는 판의 속도로 단위는 센티미터/년)

해의 북부에서는 7~8킬로미터로 전형적인 해양지각이며, 동해의 남부
(울릉도와 독도 부근)에서는 15킬로미터 정도로 대륙지각과 해양지각의 중
간에 해당한다.

지금 우리가 살고 있는 지질시대를 현세(Holocene)라고 부른다. 현세는
플라이스토세 빙하시대의 마지막 빙기(빙하가 북반구의 중위도 지역까지 덮었
던 12만 년 전에서 1만 년 전 사이의 시기)가 끝난 약 1만 년 전 이후의 시대로
간빙기(빙기 사이의 비교적 따뜻한 시기)에 해당한다. 빙하시대란 빙하가 대륙
을 넓게 덮었던 250만 년 전 이후의 시대로 마지막 빙기 때의 해수면은
지금보다 최대 150미터 낮았다. 해수면이 내려가 있던 당시 한반도 주변

의 모습을 그려보면, 현재의 황해(수심이 대부분 100미터 미만)에 물이 없었기 때문에 중국과 뭍으로 연결되어 있었고, 대한해협은 수면 위로 드러나 있어서 일본까지 걸어서 갈 수도 있었을 것이다. 이처럼 비교적 최근에 한반도 주변에서 일어났던 사건들은 특별히 판구조론의 도움을 받지 않더라도 쉽게 알 수 있다.

한반도가 현재의 모습을 갖춘 때는 지질학적으로 비교적 최근인 마이오세 중엽(2000만 년 전 무렵) 이후였을 것으로 생각되는데, 그 이유는 동아시아에서 동해가 바다로 탄생한 때가 마이오세였기 때문이다. 하지만 옛날로 거슬러 가면 한반도 땅덩어리의 역사는 읽기 어려워진다. 한반도의 땅덩어리에는 거의 모든 지질시대의 암석들이 골고루 있다. 현재 남한에서 가장 오랜 암석의 나이는 약 25억 살이라고 알려져 있으며, 그보다 젊은 여러 가지 암석들이 매우 복잡하게 어우러져 있다. 암석들이 복잡하게 어우러져 있다는 말은 땅덩어리의 역사가 그만큼 복잡했음을 의미한다. 그래서 우리는 아직도 한반도 땅덩어리의 역사를 명확히 그리지 못하고 있다. 특히 옛날로 거슬러 올라가면 갈수록 한반도 땅덩어리의 모습은 점점 더 희미해진다.

한반도의 지질 요약

한반도는 좁지만, 암석의 종류가 무척 다양하다. 암석은 크게 화성암, 변

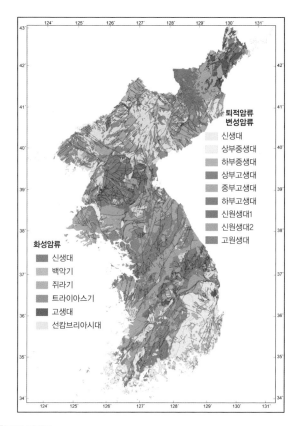

그림 4-2. 한국의 지질도

성암, 퇴적암으로 나뉘는데, 한반도에는 화성암, 퇴적암, 변성암이 각각 3분의 1씩 차지하며 골고루 분포한다(그림 4-2).

화성암은 지하 깊은 곳에 녹아 있던 마그마가 서서히 위로 올라오면서 식어 만들어진다. 화성암은 판과 판의 경계부에서 만들어지는 경우가 많기 때문에 옛날의 판 모습을 알아내는 데 도움이 된다. 화성암 중에서 대표적인 암석은 화강암과 현무암이다. 화강암은 예쁘게 풍화되어 멋진 경관을 보여 주는 경우가 많은데, 설악산, 북한산, 오대산, 소백산, 월악산, 속리산 등이 대표적이다. 현무암은 제주도처럼 화산지역에서 흔히 볼 수 있는 암석이다.

퇴적암은 지표면에서 물이나 바람 또는 빙하의 활동에 의하여 쌓인 퇴적물이 굳어 만들어진 암석이다. 그러므로 이들이 쌓이는 장소는 바다 밑이나 하천 또는 호수 같은 환경이고, 따라서 퇴적암에는 화석이 들어 있는 경우가 많다. 퇴적암 중에서 보편적인 암석은 사암, 석회암, 세일 등이다. 그러므로 퇴적암을 연구하면, 그 암석이 언제 어디에서 어떻게 쌓였는지 알 수 있다. 마치 사관이 자신이 살던 시대의 역사를 글로 기록하듯이 자연은 자신의 활동을 암석 속에 기록해 놓았다. 한반도의 퇴적암은 대부분 고생대와 중생대에 쌓였는데, 고생대 때는 주로 바다에서, 중생대에는 모두 강과 호수에서 쌓였다.

변성암은 그 이름에서 알 수 있는 것처럼 어떤 암석이 변해서 만들어진 것이다. 보통 편마암, 편암이라고 불리는 암석으로 원래는 퇴적암이나 화성암이었는데, 변해서 변성암이 되었다. 따라서 변성암은 일반적으로 나이가 많다. 우리나라의 경우, 변성암의 나이는 대부분 18억 살보다 오래되었다. 변성암은 오래 전에 만들어진 암석이기 때문에 이 암석 위에는 이들보다 젊은 퇴적암이 쌓여 있거나 아니면 젊은 화강암이 뚫고 지나간다.

한반도의 암석은 크게 신시생대(25~28억 년 전)와 고원생대(16~25억 년

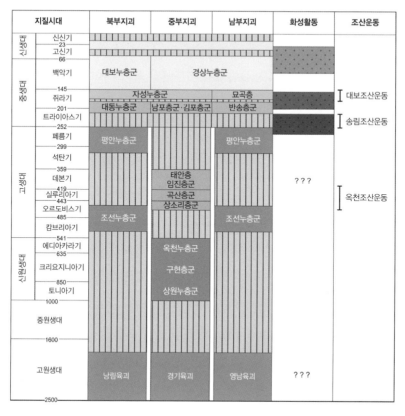

지질시대		북부지괴	중부지괴	남부지괴	화성활동	조산운동
신생대	신신기					
	―23―					
	고신기					
	―66―					
중생대	백악기	대보누층군	경상누층군			
	―145―					대보조산운동
	쥐라기	자성누층군		묘곡층		
	―201―	대동누층군	남포층군·김포층군	반송층군		송림조산운동
	트라이아스기					
	―252―					
고생대	페름기	평안누층군		평안누층군		
	―299―					
	석탄기				???	
	―359―					
	데본기		태안층 임진층군			옥천조산운동
	―419―					
	실루리아기		곡산층군			
	―443―		상소리층군			
	오르도비스기					
	―485―	조선누층군		조선누층군		
	캄브리아기					
	―541―					
신원생대	에디아카라기		옥천누층군			
	―635―					
	크리요지니아기		구현층군			
	―850―					
	토니아기		상원누층군			
	―1000―					
	중원생대					
	―1600―					
고원생대		낭림육괴	경기육괴	영남육괴	???	
	―2500―					

그림 4-3. 한반도의 지질계통 요약

전)의 변성암, 신원생대(5억 4100만 년 전~10억 년 전)에서 현재에 이르기까지 쌓인 퇴적암, 그리고 현생누대(5억 4100만 년 전에서 현재까지의 시기)의 화성암으로 나눌 수 있다(그림 4-3). 신시생대와 고원생대 변성암은 한반도의 바탕을 이루며, 함경도와 평안도 일대, 경기도와 강원도 북부, 그리고 소백산맥을 따라 분포한다. 이처럼 오랜 암석들이 분포하는 지역을 육괴

陸塊라고 부른다. 한반도에는 북쪽으로부터 관모육괴, 낭림육괴, 경기육괴, 영남육괴가 있다.

　이 신시생대/고원생대 변성암으로 이루어진 육괴 사이에는 신원생대와 고생대에 생성된 퇴적암과 화산암들이 채우고 있다. 신원생대 변성퇴적암과 변성화산암은 황해도와 충청도 일부 지역에 국한되어 분포한다. 황해도에 분포하는 신원생대층은 상원누층군과 구현층군, 그리고 충청도에 분포하는 신원생대층은 옥천누층군으로 불린다. 옥천누층군은 그동안 많은 연구가 이루어져 지질학적 정보가 많은 반면, 북한지역의 상원누층군과 구현층군에 대한 내용은 잘 알려져 있지 않다.

　평안남도와 강원도 남부에는 하부 고생대층과 상부 고생대층이 넓게 분포하며, 황해도 남부와 충청남도 안면도 부근에는 중부 고생대층이 소규모로 노출되어 있다. 내가 오랫동안 연구했던 하부 고생대층(캄브리아-오르도비스계)은 조선누층군으로 불리며, 얕은 바다에서 쌓인 탄산염암-규질쇄설암 혼합퇴적층이다. 최근 문경지역에서 후기 오르도비스기 화산활동에 의해 쌓인 옥녀봉층이 보고되었다. 중부 고생대층에는 황해도 지역의 상서리층군(상부 오르도비스계), 곡산층군(실루리아계), 임진층군(데본계), 그리고 안면도 일대의 태안층(데본계) 등이 있다. 이들은 강과 호수, 얕은 바다, 그리고 깊은 바다에 이르기까지 다양한 환경에서 쌓인 것으로 알려졌다. 상부 고생대층(석탄-페름계)은 평안누층군으로 불리며, 강과 호수, 얕은 바다 환경에서 쌓인 쇄설성 퇴적암이다. 평안누층군은 조선누층군 위에 거의 평행부정합 관계로 놓여 있으며, 이 부정합은 '중기 고생대 대결층大缺層'으로 알려져 있다. 특히 조선누층군과 평안누층군이 두껍게 쌓인 지역을 북한에서는 평남분지로, 강원도 남부에서는 태백산 분지라고 부른다.

중생대에 접어들면서 한반도에 격렬한 조산운동이 일어났는데, 이는 판과 판의 충돌에 의한 결과이다. 첫 번째 조산운동은 트라이아스기 송림조산운동으로 불리며, 이 조산운동 과정에서 만들어진 소규모 퇴적분지에 대동누층군이 쌓였다. 대동누층군은 육성퇴적층으로 평안남도, 황해도(송림산층군), 경기도(김포층군), 충청남도(남포층군), 강원도 일대(반송층군)에 분포하는 것으로 알려졌다. 송림조산운동에 이어서 쥐라기에는 대보조산운동이 일어났으며, 이때 한반도 곳곳에 화강암이 넓게 관입하였다. 이 두 번에 걸친 조산운동으로 중생대 이전의 암석들은 심한 변형과 변성작용을 겪었다. 쥐라기 후반과 백악기에 들어와서 여러 곳에 육성 퇴적분지들이 만들어졌고, 이 퇴적분지에 자성누층군(묘곡층 포함)과 경상누층군(북한지역의 대보누층군)이 쌓였다. 특히 백악기에는 한반도 남부를 중심으로 쇄설성 퇴적암, 화산쇄설암, 화산암으로 이루어진 경상누층군이 두껍게 쌓였다. 이 퇴적분지 중에서 가장 큰 것이 현재의 경상도지방에 자리 잡았던 경상분지였다. 백악기에는 화강암이 주로 남부지방을 중심으로 관입하였고, 이 화성활동은 고신기(古新紀: 신생대의 오랜 시기로 6600만 년 전에서 2300만 년 전 사이의 기간)로 이어졌다. 신신기(新新紀: 2300만 년 전에서 250만 년 전 사이의 기간)에 접어들어 동해가 바다로 태어났고, 이때 동해 주변에 쌓인 육성층과 해성층이 동해 연안을 따라 소규모로 드러나 있다. 제4기에 일어났던 화산활동으로 제주도, 울릉도, 독도, 백두산이 솟아올랐다.

한반도의 지체구조

나는 한반도의 지질도(그림 4-2)를 볼 때마다 참 아름답다는 생각을 한다. 여기에서 내가 아름답다고 말하는 이유는 지질도의 여러 가지 색깔들이 잘 어울려 보이기 때문이다. 지질도에 여러 가지 색들이 복잡하게 어우러져 있음은 그만큼 땅덩어리의 역사가 복잡하다는 것을 의미한다. 아무리 지질학에 해박한 지식을 가진 사람이라고 해도 그림 4-2처럼 복잡한 지질도를 보고 한반도 땅덩어리의 역사를 읽어내기는 거의 불가능하다.

그래서 한반도의 형성 역사를 이야기하기 위해서는 암석을 종류와 생성시기에 따라 크게 몇 개의 덩어리로 구분해서 생각해 보아야 한다. 이처럼 어느 지역을 몇 개의 땅덩어리로 구분하여 만든 지도를 지체구조도地體構造圖라고 하는데, 한반도의 지체구조도는 학자들에 따라 약간씩 다르게 표현되기도 한다. 원론적으로는 한 개의 지체구조도가 존재하겠지만, 학자들마다 암석을 해석하는 방식이 약간씩 다르기 때문이다. 여기에서는 2014년 내가 제안한 한반도의 지체구조도를 중심으로 이야기해 보려고 한다(그림 4-4). 나는 한반도를 3개의 지괴와 11개의 지체구조구로 나누었다. 지체구조구地體構造區는 '비슷한 시기에 생성된 암석이 거

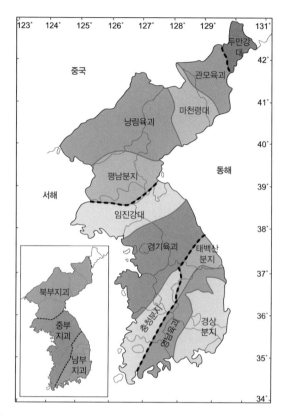

그림 4-4. 한반도의 지체구조도

의 같은 지질 역사를 겪은 지역'으로 이해하였고, 지괴地塊는 '역사적으로 오랫동안 함께 움직인 지체구조구 몇 개를 묶은 땅덩어리'로 정의하였다.

3개의 지괴는 북으로부터 북부지괴, 중부지괴, 남부지괴로 명명되었다. 북부지괴北部地塊에는 관모육괴, 마천령대, 낭림육괴, 평남분지, 중부지괴中部地塊에는 임진강대, 경기육괴, 충청분지, 그리고 남부지괴南部地塊에는 태백산분지, 영남육괴, 경상분지를 포함시켰다. 가장 북쪽에 있는 두만강대는 어느 지괴에도 속하지 않은 독립된 지체구조구로, 옥천대는 태백산분지와 충청분지가 합해져 만들어진 복합 지체구조구로 다루었다.

여기에서 지체구조구에 쓰인 몇 가지 전문용어를 풀어쓰면 다음과 같다. 대帶 또는 습곡대褶曲帶는 '암석이 습곡이나 단층으로 복잡하게 변형된 지역'에 쓰이는 용어로 보통 판과 판이 충돌하는 과정에서 형성된다. 히말라야 산맥이나 알프스 산맥처럼 높은 산맥들이 대표적인 습곡대다. 육괴陸塊는 '지형적으로나 구조적으로 특정한 방향성을 보여 주지 않는 암석들이 모여 있는 지역'으로 보통 선캄브리아 시대 암석으로 이루어진다. 분지盆地는 '특정한 시기의 퇴적층들이 두껍게 쌓여 있는 곳'을 말한다.

예전에 다른 학자들이 제안했던 지체구조도와 특별히 다른 점은 1)한반도를 3개의 지괴로 나누고, 2)옥천대로 알려졌던 지역을 태백산분지와 충청분지로 나누었으며, 3)임진강대의 범위를 황해도 전역으로 넓혀 평남분지와 직접 만나도록 그렸다는 점이다. 아울러 중생대 이전에 북부지괴와 남부지괴는 중한랜드에 속했으며, 중부지괴는 남중랜드의 가장자리를 차지했던 것으로 다루었다.

아래에 각 지체구조구에 대하여 간략히 설명하려고 한다.

북부지괴

관모육괴冠帽陸塊는 함경북도 남부와 양강도 동부를 차지하며, 북동쪽으로 두만강대와 남서쪽으로 마천령대와 만난다. 관모육괴는 주로 선캄브리아 시대의 화강편마암과 무산층군茂山層群, 트라이아스기 화강암, 제4기 화산암으로 이루어진다.

마천령대摩天嶺帶는 함경남도 북동부와 양강도 서부지역을 차지하며 북서-남동방향으로 배열되어 있다. 마천령대는 주로 고원생대 변성암류인 마천령층군, 중생대 화강암류, 그리고 백두산과 개마고원을 이룬 제4기 화산암으로 이루어진다. 마천령대는 고원생대에 관모육괴와 낭림육괴가 합쳐지는 과정에서 형성된 것으로 알려져 있다.

낭림육괴狼林陸塊는 평안북도, 자강도, 함경남도 북부에 걸친 넓은 지역을 차지한다. 낭림육괴는 북동쪽으로 마천령대와 남쪽으로 평남분지와 만나며, 서쪽으로는 중국의 리아오난 복합체와 연결되어 리아오난-낭림 복합체를 이룬다. 낭림육괴는 선캄브리아 시대의 편마암과 편암이 바닥을 이루며 그 위에 고생대의 조선누층군(캄브리아-오르도비스계)과 평안누층군(석탄-페름계), 자성누층군(쥐라계) 등이 소규모로 노출되어 있다. 낭림육괴 내에 분포하는 화강암류는 트라이아스기, 쥐라기, 백악기에 걸쳐서 관입하였다.

평남분지平南盆地는 평안남도와 함경남도 남부 일대를 차지하며, 캄브리아-오르도비스기와 석탄-페름기에 얕은 바다 퇴적물이 쌓였던 곳이다. 평남분지에는 캄브리아-오르도비스기의 조선누층군과 석탄-페름기의 평안누층군이 넓게 분포하며, 중생대의 육성퇴적층(대동누층군, 자성누층군, 대보누층군)도 소규모로 노출되어 있다. 나는 예전 연구자들이 정의

한 것과 달리 평남분지를 고생대층이 분포하는 지역으로 한정하였다. 그 이유는 예전에 평남분지 또는 낭림육괴에 속하는 것으로 다루어졌던 황해도 일대의 선캄브리아 시대 퇴적암층이 북부지괴의 선캄브리아 시대 암석과 뚜렷이 다르기 때문이다. 여기서는 황해도 일대에 분포하는 신원생대 퇴적암층을 중부지괴의 임진강대에 속하는 것으로 다루었다. 이에 따라, 평남분지와 임진강대는 직접 만나게 되는데, 이들을 나누는 경계는 북한구조선(北韓構造線, North Korean Tectonic Line)으로 명명되었다.

중부지괴

임진강대臨津江帶는 황해도와 경기도 북부, 그리고 강원도 북부지역에 동서방향으로 놓여 있다. 임진강대는 원래 1960년대 북한학자들을 통해 데본-석탄기 지층인 임진층군이 분포하는 지역에 붙여진 이름이다. 하지만 그 후 임진강대의 실체는 학자들에 따라 다르게 받아들여졌으며, 실제로 황해도 일대의 지질학 정보가 부족한 현재의 상황에서 임진강대를 뚜렷이 정의하기는 어렵다. 나는 임진강대의 범위를 상부 오르도비스계(상서리층군), 실루리아계(곡산층군)과 데본-석탄계(임진층군) 지층들을 포함하여 신원생대의 상원누층군이나 구현층군을 아우르는 지역으로 확대하였다. 특히, 구현층군 중 비랑동층飛浪洞層에서 알려진 다이아믹타이트를 눈덩이 지구 시대의 빙하퇴적층에 속할 것으로 추정하였다. 이들 신원생대층과 중기 고생대층은 경기육괴의 북쪽 가장자리에서 쌓였던 것으로 생각하였다.

경기육괴京畿陸塊는 북쪽으로 임진강대, 그리고 동남쪽으로 옥천대와 접한다. 하지만 이 동남쪽 경계부를 따라 쥐라기 화강암이 넓게 뚫고 들어왔기 때문에 그 경계를 명확히 긋기는 어렵다. 경기육괴를 이루는 암석은 주로 선캄브리아 시대와 고생대 변성암류, 중기 고생대 태안층, 중생대 대동누층군(남포층군과 김포층군)과 경상누층군, 중생대 화강암류다. 2000년대에 접어들면서 지르콘 광물을 이용한 암석연령측정 연구가 활발해지면서 예전에 고원생대에 속했던 것으로 알려졌던 암석들이 신원생대나 고생대에 속한다는 연구결과들이 속속 발표되었다. 특히 충남 홍성지역에서 높은 압력 환경을 지시하는 에클로자이트상(eclogite facies) 변성작용이 알려진 후, 중한랜드와 남중랜드의 충돌대가 홍성-오대산지역을 지난다는 주장으로 이어져 한반도 지각진화에 관한 활발한 논쟁을 이끌었다.

충청분지忠淸盆地는 예전에 옥천분지 또는 옥천변성대로 불렸던 지역에 새롭게 부여한 명칭으로 옥천대의 남서부에 해당한다. 북서쪽으로 경기육괴, 남동쪽으로 영남육괴, 그리고 북동쪽으로는 태백산분지와 만난다. 충청분지는 충청북도와 충청남도 남부, 전라남북도에 이르는 지역이며, 주로 신원생대 옥천누층군, 고생대층(?), 중생대 화강암류, 백악기 육성퇴적층(경상누층군)으로 이루어진다. 옥천누층군은 주로 신원생대 화산쇄설퇴적층과 빙하퇴적층으로 이루어진다. 충청분지에 넓게 분포하는 화강암류는 대부분 중생대에 관입하였고, 백악기 육성퇴적층들이 충청분지 서남부에 소규모 분지 형태로 분포한다.

남부지괴

태백산분지太白山盆地는 고생대 퇴적층이 쌓인 지역으로 하부 고생대층(조선누층군과 옥녀봉층)과 상부 고생대층(평안누층군)으로 이루어진다. 남쪽으로는 영남육괴의 선캄브리아 시대 암석과 부정합으로 만나며, 북쪽으로는 경기육괴와 접하기는 하지만 그 경계를 따라 화강암이 넓게 관입하였기 때문에 그 경계를 명확히 긋기는 어렵다. 태백산분지와 충청분지를 나누는 경계는 남한구조선(南韓構造線, South Korea Tectonic Line)으로 명명되었다.

영남육괴嶺南陸塊는 북서쪽으로 옥천대, 남동쪽으로는 경상분지와 접한다. 영남육괴는 대부분 선캄브리아 시대의 편마암과 편암, 그리고 화강암질 암석으로 이루어지며, 지리산 부근에 회장암이 분포하는 점이 특징이다. 영남육괴는 북쪽의 소백산지구와 남쪽의 지리산지구로 나누기도 한다.

경상분지慶尙盆地는 백악기와 고신기에 존재했던 육성 퇴적분지로 하천과 호수에서 쌓인 퇴적암과 화산암으로 이루어진 경상누층군이 쌓였다. 한반도 동남부에는 후기 백악기와 고신기에 화산활동이 활발했던 것으로 알려져 있으며, 그 당시 모습은 오늘날 일본열도에서 일어나는 화산활동과 비슷했으리라고 추정하고 있다. 경상분지 동쪽 끝 부분(포항 일대)에는 신신기 마이오세 해성층이 분포한다.

두만강대豆滿江帶는 한반도에서 가장 북쪽에 위치하며, 함경북도 북동부를 차지한다. 두만강대는 주로 상부 고생대층인 두만누층군과 페름-

트라이아스기 화강암류로 이루어지며, 중생대와 신생대의 퇴적암과 화산암도 분포한다. 두만강대는 지구조적으로 중앙아시아 조산대의 한 부분이었으며, 고생대 끝날 무렵에 이르러 중한랜드에 합쳐진 것으로 생각된다.

그동안 한반도 지질 연구에서 옥천대가 차지하는 비중은 무척 컸다. 그 배경에는 옥천대에 중요한 지하자원(석회암, 석탄, 우라늄, 금, 은 등)이 많이 매장되어 있기 때문이기도 하고, 또한 학술적으로 밝혀내야할 내용도 많았기 때문이다. 옥천대沃川帶는 원래 경기육괴와 영남육괴 사이에 북동-남서방향으로 분포하는 시대미상의 변성퇴적암(옥천누층군)과 고생대층(조선누층군과 평안누층군), 중생대층(반송층군)이 분포하는 지역을 일컬었다. 나는 옥천대를 두 부분으로 나누어 북동지역의 조선누층군과 평안누층군이 분포하는 지역을 태백산분지, 그리고 서남쪽의 옥천누층군이 분포하는 지역을 충청분지로 구분하였다. 그 이유는 충청분지에 쌓인 옥천누층군의 암상이 인접한 태백산분지의 조선누층군과 뚜렷이 다르고 그 형성 과정 또한 달랐다고 생각하기 때문이다. 판구조적 관점에서 태백산분지는 고생대 때 영남육괴(중한랜드에 속함) 가장자리에 자리 잡았던 얕은 바다였고, 충청분지는 신원생대에 경기육괴(남중랜드에 속함)에 붙어 있었던 퇴적분지로 해석하였다.

이상을 요약하면, 한반도는 3개의 선캄브리아 시대 땅덩어리(관모육괴/낭림육괴, 경기육괴, 영남육괴)가 바탕을 이루고 있으며, 그 땅덩어리 사이를 신원생대 또는 고생대 퇴적층으로 이루어진 습곡대(임진강대와 옥천대)가 채우고 있는 모습이다.

동아시아 지체구조에서 한반도의 위상

현재 동아시아를 이루고 있는 땅덩어리는 고생대 기간에 중한랜드(中韓랜드 Sino-Korean Land)와 남중랜드(南中랜드 South China Land)로 나뉘어 떨어져 있었던 것으로 알려져 있다(그림 4-5). 이 두 땅덩어리는 중생대 초인 약 2억 5000만 년 전 충돌하면서 합쳐져 오늘날 동아시아 대륙의 기본 골격을 완성하였다.

중한랜드는 북중국의 대부분, 만주 지역, 그리고 한반도의 일부를 포함한 땅덩어리였다. 북쪽 경계는 내몽고, 길림성, 흑룡강성을 연결하는 지역이고, 남쪽으로는 친링-다비에-술루-임진강대를 경계로 남중랜드와 만난다. 중한랜드는 다시 동부지괴와 서부지괴로 나뉘며, 그 사이에 고원생대 조산대가 놓여 있는 모습이다. 한반도의 대부분(북부지괴와 남부지괴)은 동부지괴에 속한다.

남중랜드는 북서쪽의 양자지괴(Yangtze block)와 남동쪽의 캐타이시아지괴(Cathaysia block)로 이루어진다. 양자지괴는 신시생대의 화강편마암을 바탕으로 이들을 관입한 신원생대의 화강암들로 이루어진다. 반면에 캐타이시아지괴는 주로 신원생대와 전기 고생대의 암석들로 이루어지며

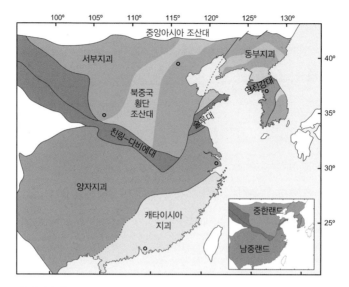

그림 4-5. 동아시아 지체구조도

가장 오랜 암석의 나이는 18~19억 살로 알려져 있다. 양자지괴와 캐타이시아지괴는 선캄브리아시대에는 대부분 떨어져 있다가 약 10억 년 전 로디니아 초대륙이 만들어지는 과정에서 합쳐진 것으로 알려져 있다. 이때, 한반도의 중부지괴는 남중랜드의 북동쪽 가장자리를 차지하고 있었으리라고 추정된다.

고생대 이전에 한반도를 이루는 땅덩어리 중에서 북부지괴와 남부지괴는 중한랜드에 속했으며, 중부지괴는 남중랜드의 가장자리를 차지하고 있었던 것으로 다루었다. 이 결론은 그동안 내가 연구해 온 삼엽충 화석군의 특징에 따라 태백산분지는 영남육괴에, 평남분지는 낭림육괴에 붙어 있던 얕은 바다였다는 해석에 의한 것이다. 임진강대와 충청분지는 지질시대와 화석에 관한 자료가 아직 부족하지만 이들이 모두 남중랜드에 속했다고 생각하였다. 그렇게 생각한 배경으로 1)임진강대의 신원생대층이나 충청분지의 신원생대 옥천누층군과 비교할 수 있는 층이 남중랜드에는 있지만 중한랜드에는 없다는 점, 2)임진강대의 실루리아계와 데본계 지층에서 산출되는 무척추동물화석군이 남중국 화석군의 특징을 보여 주는 점, 3)이들 신원생대층과 중부 고생대층들이 경기육괴 가장자리에 있었던 퇴적분지에서 쌓였다는 점을 들 수 있다.

로디니아 초대륙에서 판게아 초대륙까지

한반도에도 시생누대(40억 년 전에서 25억 년 전 사이의 기간)에 생성된 암석이 있을 것으로 추정되지만, 시생누대와 고원생대의 역사는 아직 잘 밝혀지지 않았다. 현재, 남한에서 측정된 가장 오랜 암석의 나이는 25억 살을 약간 넘긴 것으로 알려져 있다. 그동안 이루어진 선캄브리아 시대 암석의 연령측정 자료로 판단해 보았을 때, 한반도의 바탕을 이루고 있는 암석들은 대부분 고원생대에 형성된 것으로 보인다. 중원생대에도 땅덩어리 형성과 관련된 활동이 있었으리라 생각되지만, 이 시기의 자료는 매우 빈약하다. 그렇지만, 신원생대 이후는 자료가 많아 한반도를 이루

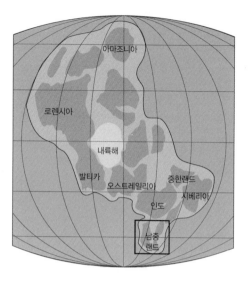

그림 4-6. 신원생대(10억 년 전) 초대륙 로디니아 네모 부분을 그림 4-8에서 확대하였다.

고 있는 땅덩어리의 고지리와 지체구조 역사를 그려볼 수 있다. 10억 년 전 형성된 로디니아(Rodinia) 초대륙이 신원생대와 전기 고생대 기간 중 갈라졌다가 다시 합쳐지는 판구조운동에 의하여 또 다른 초대륙 판게아(Pangea)를 형성한 때가 약 3억 년 전인데, 우리의 한반도를 이룬 땅덩어리도 10억 년 전과 3억 년 전 사이에 엄청난 사건들을 겪었다. 아래에 그 이야기를 풀어보려고 한다.

10억 년 전, 지구상의 모든 땅덩어리가 모여 로디니아(Rodinia: 어원은 러시아어의 'rodit'로 태어나다는 뜻이다. 현재 지구상의 모든 대륙이 로디니아로부터 태어났음을 의미한다)라는 초대륙을 이루고 있었다(그림 4-6). 현재 우리가 알고

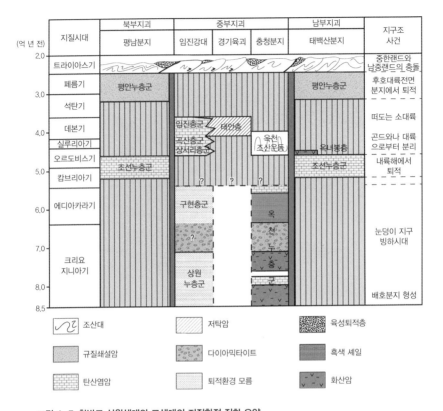

(억 년 전)	지질시대	북부지괴	중부지괴			남부지괴	지구조 사건
		평남분지	임진강대	경기육괴	충청분지	태백산분지	
2.0	트라이아스기						중한랜드와 남중랜드의 충돌
3.0	페름기	평안누층군				평안누층군	후호대륙전면 분지에서 퇴적
	석탄기						
4.0	데본기		임진층군	태인층			떠도는 소대륙
	실루리아기		곡산층군		옥천 조산운동	옥녀봉층	곤드와나 대륙 으로부터 분리
	오르도비스기	조선누층군	장서리층군			조선누층군	내륙해에서
5.0	캄브리아기						퇴적
6.0	에디아카라기		구현층군		옥		
7.0	크리오 지니아기		?		천 두 층 군		눈덩이 지구 빙하시대
8.0			상원 누층군				배호분지 형성
8.5							

조산대　　규질쇄설암　　탄산염암　　저탁암　　다이아믹타이트　　퇴적환경 모름　　육성퇴적층　　흑색 셰일　　화산암

그림 4-7. 한반도 신원생대와 고생대의 지질학적 진화 요약

있는 자료로는 당시 한반도의 땅덩어리가 어디에 있었는지 잘 모른다. 하지만 고생대에 한반도의 땅덩어리가 두 군데로 나뉘어져 있었기 때문에 로디니아 초대륙에서도 한반도의 땅덩어리 역시 두 곳으로 나뉘어 있었다고 가정하였다. 위에서 이미 소개한 것처럼 북부지괴와 남부지괴는 중한랜드에, 중부지괴는 남중랜드 영역에 속하였다. 하지만 이 중한랜

드와 남중랜드는 로디니아 초대륙의 가장자리에서 멀리 떨어져 있었을 것으로 추정되었다. 오랜 기간 멀리 떨어져 있던 중한랜드와 남중랜드가 2억 5000만 년 전 충돌하여 한 덩어리가 되기까지 각각 독자적인 역사를 겪었을 것이다. 그림 4-7에 8억 5000만 년 전에서 2억 5000만 년 전까지 우리나라 땅덩어리에서 일어났던 역사를 요약하였다.

신원생대(10억 년 전~5억 4100만 년 전)

북부지괴와 남부지괴에서 가장 눈에 띄는 점은 18억 년 전에서 5억 2000만 년 전 사이에 해당하는 암석의 기록이 없다는 것이다. 북부지괴와 남부지괴에 속하는 땅덩어리의 나이를 조사해 보면, 바탕을 이루고 있는 암석들은 25~18억 살의 변성암(낭림육괴와 영남육괴의 변성암류)이다. 이 변성암으로 이루어진 바탕 바로 위에 놓인 암석은 전기 고생대(5억 2000만 년 전에서 4억 6000만 년 전)에 얕은 바다에서 쌓인 퇴적암(조선누층군)이다. 18억 살의 암석 위에 5억 2000만 살의 퇴적암이 놓여 있다는 사실이 의미하는 것은 무엇일까?

중한랜드에 속하는 한반도의 땅덩어리(북부지괴와 남부지괴)에 18억 년 전에서 5억 2000만 년 전 사이에 생성된 암석이 없다는 사실은 이 기간에 중한랜드에 특별한 지질학적 사건이 일어나지 않았음을 의미한다. 이를 다른 말로 설명하면 중한랜드는 판구조적으로 안정된 (또는 판의 경계로부터 멀리 떨어진) 지역에 있었으며, 따라서 18억 년 전에서 5억 2000만 년 전 사이에 중한랜드의 땅덩어리는 침식작용으로 계속 벗겨져 나갔을 것

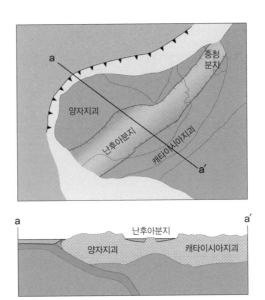

그림 4-8. 신원생대 남중랜드 부근의 고지리도 그림 4-6의 네모 부분을 확대하였다.

으로 추정된다. 그러다가 5억 2000만 년 전에 이르렀을 때, 중한랜드에
바다가 들어오면서 중한랜드 주변에 해양퇴적물(조선누층군)이 쌓이기 시
작하였다. 이 무렵은 전 세계적으로 해수면이 상승하였으며, 같은 시기
의 퇴적작용은 중한랜드뿐만 아니라 세계 곳곳에서도 일어났다.

중한랜드와 달리 남중랜드에는 10억 년 전에서 5억 년 전 사이에 생성
된 암석이 넓게 분포한다. 남중랜드는 약 9억 년 전 양자지괴와 캐타이
시아지괴가 합쳐져 만들어진 것으로 알려졌다. 하지만 8억 5000만 년 전
무렵 남중랜드의 가운데가 열리면서 퇴적분지가 생겨났다. 이 퇴적분지
는 호상열도弧狀列島의 뒷부분이 열려 형성되는 일종의 배호분지背弧盆地

로 오늘날 동해가 만들어진 방식과 비슷하다. 남중국에서는 이 퇴적분지를 난후아南華분지라고 부르며, 한반도의 중부지괴에서는 충청분지로 명명되었다(그림 4-8). 배호분지가 열리면서 두 차례에 걸친 화산활동이 일어났는데, 충청분지에서는 8억 7000만 년 전(계명산층)과 7억 5000만 년 전(문주리층)의 화산암층으로 기록되어 있다. 7억 2000만 년 전 시작된 지구 역사상 가장 혹독했던 눈덩이 지구 빙하시대의 빙하작용에 의하여 충청분지에 황강리층이, 임진강대에는 비랑동층이 쌓였다. 황강리층 바로 위에 놓이는 금강석회암멤버는 눈덩이 지구 빙하시대가 끝난 시점(약 6억 3500만 년 전)을 알려 주는 증거이며, 그 후 따뜻해진 바다에 흑색 셰일(서창리멤버)과 석회암(고운리층)이 쌓였다. 이 기간에 충청분지에 쌓였던 지층을 묶어 옥천누층군이라고 부른다.

전기 고생대(5억 4100만 년 전~4억 4300만 년 전)

9억 년 전부터 분리되기 시작했던 로디니아 초대륙은 고생대 초(약 5억 4100만 년 전)에 이르렀을 때 크게 4개의 대륙으로 나뉘어졌다. 그중 가장 큰 대륙은 곤드와나 대륙이었고, 비교적 작은 대륙으로 로렌시아(Laurentia), 시베리아, 발티카(Baltica)가 있었다(그림 4-9). 이때, 중한랜드와 남중랜드는 모두 곤드와나 대륙의 가장자리에 있었고, 곤드와나 대륙의 중심부와는 내륙해를 사이에 두고 떨어져 있었다. 한반도의 땅덩어리 중에서 북부지괴와 남부지괴는 중한랜드에, 중부지괴(충청분지와 임진강대 포함)는 남중랜드에 속했다. 전기 고생대 때, 중한랜드와 오스트레일리아

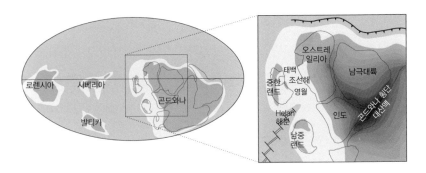

그림 4-9. 후기 캄브리아기(4억 9000만년 전)의 고지리도

대륙 사이의 내륙해에 쌓인 퇴적물들은 태백산분지와 평남분지에 그 기록(조선누층군)을 남겼다.

　고생대 초엽, 중한랜드의 지리적 위치에 관하여 지금까지 다양한 의견이 제시되었는데, 일반적으로 중한랜드는 오스트레일리아 대륙에 가까운 적도부근에 위치했던 것으로 그려졌다. 나는 2009년 삼엽충 화석군 특성을 바탕으로 중한랜드가 곤드와나 대륙의 가장자리에 있었으며, 내륙해를 사이에 두고 오스트레일리아 대륙과 마주보고 있는 고지리도를 제시하였다(그림 2-18). 이 내륙해에 쌓였던 퇴적물은 중한랜드 곳곳에 하부 고생대층으로 남겨졌고, 한반도의 평남분지와 태백산분지에 쌓인 퇴적층을 묶어 조선누층군이라고 부른다.

　그런데, 2011년 히말라야 산맥의 동부에 위치한 부탄(Bhutan)에서 캄브리아기 황하동물구에 속하는 삼엽충 화석군이 발견되었고, 이들의 고지리적 의미를 논하는 과정에서 중한랜드가 히말라야 지역과도 가까웠다는 새로운 가설이 발표되었다. 이 가설에 의하면, 당시 중한랜드는 오스트레일리아 대륙뿐만 아니라 인도 대륙과 남중랜드와도 지리적으로 가까워야 한다는 것이다. 나는 이 연구결과에 동의하며, 2009년 내가 제안했던 고지리 모델에 약간의 수정을 가하게 되었다.

즉 중한랜드의 위치를 좀 더 인도 대륙과 남중랜드에 가깝게 이동하였으며, 이 사이에 길게 뻗은 내륙해를 설정하고, 이 내륙해를 조선해朝鮮海로 명명하였다(그림 4-9). 중한랜드는 기다란 섬의 형태로 대륙 안쪽으로는 조선해가 자리잡고 있었고, 그 반대편(현재 중국 내몽고 자치구 동부와 길림성 부근)에는 넓은 해양이 펼쳐져 있었지만 해구나 화산호로부터 멀리 떨어져 있었을 것으로 보인다. 이때, 중한랜드는 가장 높은 곳도 1,000미터를 넘지 않는 땅덩어리였는데, 그렇게 생각한 배경에는 조선해에 쌓인 쇄설성 퇴적물 알갱이의 크기가 비교적 작기 때문이다. 사실, 조선해에 쌓인 퇴적물이 모두 중한랜드에서만 공급된 것은 아니었다. 왜냐하면, 그림 4-9에서 볼 수 있는 것처럼 조선해 건너편에는 곤드와나 대륙이라고 하는 엄청나게 큰 대륙이 버티고 있었고, 곤드와나 대륙 한가운데에는 곤드와나횡단대산맥이 있어서 이 산맥으로부터 엄청난 양의 퇴적물이 조선해로 쏟아졌다. 이 곤드와나횡단대산맥(Transgondwanan Supermountains)은 길이 8,000킬로미터, 폭 1,000미터를 넘는 산맥으로 오늘날 히말라야산맥보다도 더 큰 산맥이었다. 현재 서해에 쌓이고 있는 퇴적물 중에는 히말라야산맥을 출발하여 황하나 양자강을 따라 운반되어 온 양이 엄청나게 많은 것처럼, 5억 년 전에는 곤드와나횡단대산맥에서 쏟아져 나온 엄청난 양의 퇴적물이 조선해로 들어왔을 것으로 추정된다.

캄브리아기에 태백산분지는 곤드와나 대륙 가장자리에 있던 조선해의 한 부분으로 태백지역은 육지에 가깝고 영월지역은 육지로부터 멀리 떨어진 깊은 곳이었다(그림 4-9). 지금 태백과 영월은 약 50킬로미터 떨어져 있지만, 그 당시는 1,000킬로미터 이상 떨어져 있었던 것으로 추정된다. 조선해에 퇴적작용이 시작된 때는 대략 5억 2000만 년 전이었다. 이 퇴적작용이 일어난 원인은 비교적 간단히 설명할 수 있는데, 고생대 초에 전 지구적으로 일어났던 해수면 상승에 따라 지형적으로 낮은 곳을 따라 바닷물이 들어왔기 때문이다. 이때 해수면 상승에 의하여 일어났던 퇴적작용은 곤드와나 대륙뿐만 아니라 로렌시아, 발티카, 시베리아에서도 알려져 있다. 대표적인 예가 미국 서부의 그랜드 캐니언의 골짜기 바닥에 있는 사암층(Tapeats Sandstone)이다.

태백산분지의 동쪽 가장자리에는 바다로 직접 들어가는 소규모의 충적선상지(면산층)가 있었고, 분지의 남쪽을 따라 해빈(장산층)과 얕은 바다(묘봉층) 환경이 펼쳐져 있었다. 분지의 서쪽인 영월지역에는 삼방산층이 쌓이고 있었는데, 삼방산층은 묘봉층보다 약간 더 깊은 바다에서 쌓였을 것으로 추정하였다. 비교적 가는 모래로 이루어진 삼방산층과 묘봉층 사암의 지르콘 연령분포 자료를 보면, 두 층의 퇴적물이 대부분 곤드와나 대륙으로부터 공급된 것을 알 수 있다. 하지만 묘봉층과 삼방산층의 삼엽충 화석군이 모두 황하동물구(그림 2-14)의 특성을 보여 준다는 점에서 이들이 중한랜드의 영향권 내에 있었음을 알 수 있다.

　태백과 영월지역이 퇴적환경과 화석의 내용에서 뚜렷한 차이를 보여주기 시작한 때는 5억 1000만 년 전이었다. 이때 전 세계적으로 해수면이 계속 상승하면서 조선해의 수심이 깊어졌는데, 태백지역에는 대부분 탄산염 퇴적물(대기층)이 쌓였지만 먼 바다였던 영월지역에는 흑색 셰일(마차리층 하부)이 쌓였다. 어란상 또는 온콜라이트 석회암으로 이루어진 대기층 하부는 파도의 영향을 많이 받던 얕은 여울 환경이었으며, 엽리 구조가 뚜렷한 마차리층은 수심이 깊고 산소가 적어 생물들이 살기에 좋지 않은 환경이었다. 4억 9900만 년 전, 조선해에 쇄설성 퇴적물이 많이 들어오면서 탄산염 퇴적작용은 약화되었다. 그 결과 태백지역에는 세송층이, 영월지역에는 마차리층 중부가 쌓였다. 이 무렵이 조선해 역사상 수심이 가장 깊었던 시기였다. 4억 9200만 년 전, 태백지역은 다시 탄산염 퇴적물로 이루어진 화절층이 쌓였고, 영월지역도 탄산염 퇴적물이 많아지면서(마차리층 상부) 태백산분지의 수심은 전반적으로 얕아졌다. 이 기간에 쌓인 태백지역 대기층, 세송층, 화절층의 삼엽충 화석군(그림 2-15)은 전형적인 황하동물구 특성을 보여 준 반면, 영월지역 마차리층의 삼엽충 화석군(그림 2-16)은 강남동물구 특성을 나타내어 두 지역이 환경적으로 달랐음을 알 수 있다. 즉, 조선해 영역 내에서 태백지역은 전반적으로 얕았고, 먼 바다에 위치했던 영월지역은 상대적으로 깊었다(그림 4-9).

　4억 9000만 년 전에 이르렀을 때, 영월지역에 탄산염 퇴적물이 빠르게 쌓이면서(와곡층) 조선해는 태백과 영월지역 모두 수심이 얕고(100미터 이하) 평탄한 탄산염대지 환경을 이루었다. 이때, 태백지역에는 주로 가는 모래로 이루어진 동점층이 쌓였는데, 이는 태백지역이 육지에 가까운 연안환경이었고 따라서 파도와 조류의 영향을 많이 받았기 때문인 것으로 추정된다. 이 무렵에 태백과 영월지역 모두 토착성이 뚜렷한 삼엽충이 살기 시작했으며, 이들은 모두 황하동물구 특성을 보여 준다.

오르도비스기가 막 시작되었을 때(4억 8500만 년 전), 태백지역에는 연안환경이 지속되어 가는 모래와 진흙으로 이루어진 동점층이 쌓였지만, 먼 바다(영월지역)에는 주로 탄산염으로 이루어진 문곡층이 쌓였다. 4억 8000만 년 전, 해수면 상승으로 약간 깊어진 조선해에 주로 탄산염 퇴적물이 쌓여 태백과 영월지역(태백층군의 두무골층과 영월층군의 문곡층 상부)의 암상과 삼엽충 군집이 비슷해졌다. 그 후 다시 얕아진 태백산분지에 전반적으로 건조한 기후의 조간대와 석호 환경이 펼쳐졌다. 이때 태백지역에 막골층이, 영월지역에 영흥층이 쌓였다. 막골층과 영흥층 하부에서 관찰되는 퇴적구조(스트로마톨라이트, 건열, 새눈구조 등)와 증발광물(소금과 석고)의 흔적으로부터 당시 조선해의 염도가 상당히 높았음을 알 수 있다.

4억 7000만 년 전, 조선해의 수심이 다시 깊어져 조간대 환경은 물러나고, 태백지역에는 석호 환경(직운산층)이, 영월지역은 얕은 탄산염대지(영흥층 중부)가 펼쳐져 있었던 것으로 추정된다. 흑색 또는 암회색 셰일로 이루어진 직운산층은 물속에 들어 있는 산소량이 적은 석호환경에서 쌓였는데, 부분적으로 화석이 많은 구간이 있는 것으로 보아 이 석호가 이

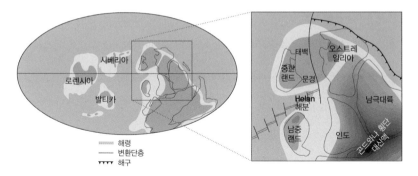

그림 4-10. 후기 오르도비스기(4억 5000만년 전)의 고지리도

따금 바다와 연결되었던 것으로 보인다. 그 후 태백산분지는 넓은 탄산염대지를 이루었으며, 태백지역에는 두위봉층이, 영월지역에는 영흥층 상부가 쌓였다. 조선해(태백산분지)에서 퇴적작용이 끝난 시기는 약 4억 6000만 년 전이었으며, 이 사건은 중한랜드 모든 지역에 걸쳐서 거의 동시에 일어났다.

4억 6000만 년 전, 조선해(태백산분지)에서 전기 고생대 퇴적작용이 멈추게 된 것은 중한랜드 주변의 판구조 환경이 변했기 때문일 것이다. 쉽게 설명하면, 조선해를 받치고 있던 땅덩어리가 들어올려졌다는 뜻이다. 중기 오르도비스기에 중한랜드는 곤드와나 대륙의 가장자리에 조선해를 사이에 두고 오스트레일리아 대륙과 마주보고 있었고, 남중랜드와는 젊은 바다인 Helan해분海盆을 사이에 두고 떨어져 있었다(그림 4-10).

후기 오르도비스기에 접어들면서 Helan해분의 해령이 곤드와나 대륙 안쪽으로 파고들어 곤드와나 대륙의 가장자리가 들어 올렸고, 그 결과 얕은 바다였던 조선해는 뭍으로 드러나게 된 것으로 추정하였다. 이 무렵, 문경 부근에서는 화산이 분출하여 화산암과 화산쇄설암으로 이루어진 옥녀봉층이 쌓였는데, 태백산분지의 다른 지역에서는 화산활동이 기록되지 않았다. 이는 Helan해분의 해령이 조선해 쪽으로 확장되지 않았음을 의미한다. 그렇지만 해령에 수직인 방향을 따라 활동하는 변환단층이 있었을 것이고, 이 변환단층이 조선해를 가르면서 조선해가 솟아올라 그 결과 태백산분지에서의 퇴적작용이 끝난 것으로 해석하였다. 태백산분지에서 유일하게 기록된 문경지역 옥녀봉층의 후기 오르도비스기(약 4억 5000만 년 전) 화산활동은 중한랜드가 곤드와나 대륙으로부터 떨어져 나간 시점이 오르도비스기 끝날 무렵이었음을 알려 주는 중요한 증거로 다루어졌다.

중기 고생대(4억 4300만 년 전~3억 6000만 년 전)

남중랜드의 경우, 중한랜드처럼 아직 자세한 역사를 말할 수는 없지만, 충청분지에서 신원생대 퇴적작용이 끝난 것은 약 5억 4000만 년 전 무렵인 것으로 보인다. 남중국의 난후아분지에서는 고생대에도 계속 퇴적작용이 일어났지만, 한반도의 충청분지에서는 하부 고생대층의 기록이 알려져 있지 않다. 남중국 지역에 관한 최근 연구에 의하면, 오르도비스기 말(4억 6000만 년 전)에서 데본기 초(4억 년 전) 사이에 난후아분지의 퇴적층들이 조산운동(Wuyun 또는 Kwangsi조산운동)을 겪었는데, 이 조산운동은 캐타이시아지괴가 양자지괴 밑으로 섭입하는 판구조운동으로 일어난 것으로 알려졌다. 나는 이 Wuyun조산운동을 남중랜드가 곤드와나 대륙으로부터 떨어져 나가는 판구조운동과 관련이 있을 것으로 추정했는데, 그 이유는 남중랜드가 곤드와나 대륙으로부터 떨어져 나간 시점이 3억 8000만 년 전으로 알려져 있기 때문이다. 좀 더 자세히 설명하면, 남중랜드가 곤드와나 대륙으로부터 완전히 떨어져 나가기 전에 어느 곳에서 열리는 움직임이 있었을 것이고, 그러면 남중랜드 내부에 압축하는 힘이 작용하는 부분이 있어야 하는데 그 부분이 난후아분지(충청분지 포함)였다는 생각이다. 나는 충청분지도 같은 시기(4억 6000만 년 전에서 4억 년 전)의 조산운동을 겪었으리라는 추정 아래 이 조산운동을 옥천조산운동과 연결시켰다.

한반도 내에서 중기 고생대 퇴적작용은 중부지괴에 국한되었던 것으로 생각되지만, 이 퇴적작용에 관한 내용은 아직 자세히 밝혀지지 않았다. 현재, 알려진 중부 고생대층으로 임진강대의 상서리층군(상부 오르도비스계), 곡산층군(실루리아계), 임진층군과 연천층군(데본계), 경기육괴의 태안층(데본계?)이 있다. 중기 고생대 기간 중 중부지괴의 퇴적환경 변화를 추적해 보면, 후기 오르도비스기와 실루리아기(상서리층군과 곡산층군)에는 얕은 탄산염대지 환경이었지만, 데본기에는 육상과 얕은 바다 환경(임진층군)에서 심해 환경(태안층)에 걸치는 다양한 환경이 알려졌다. 데본기에 들어와서 저탁암底濁岩으로 이루어진 태안층이 쌓인 것은 아마도 남중랜드가 곤드와나 대륙으로부터 떨어져 나온 후(3억 8000만 년 전) 남중랜드 주변에 심해 환경이 펼쳐져 있었기 때문이었을 것이다.

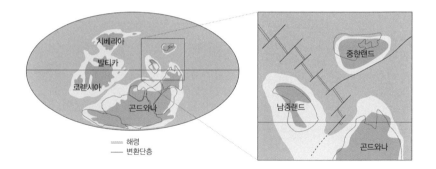

그림 4-11. 중기 데본기(3억 8000만년 전)의 고지리도

중기 고생대에 남중랜드에서는 매우 역동적인 판구조운동이 있었던 반면, 중한랜드는 판구조적으로 조용했던 것으로 보인다. 고생대 기간 중 중한랜드(태백산분지 포함)에서 가장 눈에 띄는 지질학적 특징의 하나는 하부 고생대층(조선누층군)과 상부 고생대층(평안누층군)을 나누는 평행부정합인데, 이는 '중기 고생대 대결층'으로 알려져 있다. 중기 고생대 대결층에 해당하는 기간은 4억 6000만 년 전에서 3억 2000만 년 전 사이로 침식작용이나 퇴적작용의 기록이 남겨져 있지 않다. 어떻게 그토록 오랜 기간 침식작용도 일어나지 않고 퇴적작용도 일어나지 않을 수 있었을까? 이 질문에 대한 답으로 아래와 같은 시나리오가 가능해 보인다.

중기 고생대에 중한랜드는 두께 1~1.5킬로미터의 탄산염암으로 덮여 있는 작은 대륙으로 마치 바다 위를 떠돌고 있는 뗏목의 모습이다(그림 4-11). 퇴적기록이 전혀 없기 때문에 이 무렵 중한랜드가 어느 곳에 위치했었는지 알 수는 없지만, 지형적으로 거의 평탄했던 중한랜드가 건조한 아열대 지역에 있었다면 풍화작용이나 침식작용이 무척 느렸을 것이고, 그러면 풍화산물의 양이 적어 퇴적작용도 거의 일어나지 않았을 것이다. 또 설령 풍화산물이 만들어졌다고 해도 탄산염암은 일반적으로 물에 잘 녹아 없어지기 때문에 중한랜드 주변에 퇴적물을 쌓기도 어려웠을 것이다.

후기 고생대(3억 6000만 년 전~2억 5000만 년 전)

태백산분지를 포함하여 중한랜드에 퇴적작용이 다시 시작된 때는 석탄기 중엽인 약 3억 2000만 년 전이다. 중한랜드의 상부 고생대층(태백산분지와 평남분지의 평안누층군 포함)은 주로 사암과 셰일로 이루어지며 이따금 역암, 석회암, 석탄이 낀다. 특히, 평안누층군 하부에는 굵은 자갈이나 모래로 이루어진 역암과 사암이 많다. 그동안의 연구에 의하면, 상부 고생대층은 얕은 바다와 충적평야에서 쌓인 것으로 알려졌다. 1억 년이 넘도록 퇴적작용이 일어나지 않았던 중한랜드에 굵은 자갈과 모래로 이루어진 퇴적물이 갑자기 쌓이게 된 원인은 무엇일까? 일반적으로 굵은 자갈과 모래가 쌓이기 위해서는 땅덩어리 어딘가에 고도가 높은 부분(산맥처럼)이 있어야 한다. 그러면, 중기 고생대 동안 평탄했던 중한랜드에 석탄기 중엽에 이르러 고도가 높아진 판구조적 배경은 무엇일까? 이 질문에 답하기 위해서는 그 무렵 중한랜드의 고지리와 고환경을 먼저 생각해 보아야 한다.

중기 고생대 동안에 중한랜드는 마치 뗏목처럼 홀로 떠돌던 평탄한 대륙이었다(그림 4-11). 석탄기 중엽에 이르렀을 때, 중한랜드 북쪽에 해구

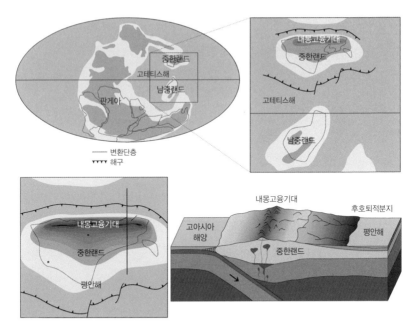

그림 4-12. 중기 석탄기(3억 2000만년 전)의 고지리도

가 형성되면서 북쪽에 있던 고아시아 해양(Paleo-Asian Ocean)판이 중한랜
드 밑으로 밀려들어가기 시작하였다. 그 결과, 중한랜드 북부(중국의 내몽
고와 길림성 일대)에 오늘날의 안데스산맥과 비슷한 화산호가 생겨났고, 이
화산호는 중국에서 내몽고 고융기대(Inner Mongolia Paleo-Uplift)로 불리고
있다(그림 4-12). 내몽고 고융기대가 높아지면서 두꺼워진 대륙의 무게 때
문에 중한랜드는 전체적으로 가라앉았고, 그 결과 중한랜드 남부에 충적
평야와 얕은 바다로 이루어진 퇴적분지가 만들어졌다. 내몽고 고융기대
는 높은 산악지대(안데스산맥과 같은)였기 때문에 그곳에서 생겨난 침식퇴

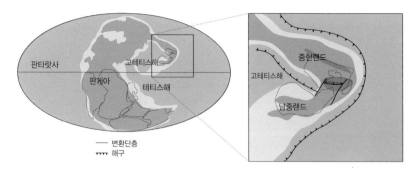

그림 4-13. 트라이아스기 초(2억 5000만년 전)의 고지리도

적물(자갈과 모래)이 남쪽으로 쏟아져 내려 두꺼운 평안누층군을 쌓았다. 나는 이 퇴적분지에 붙어 있던 얕은 바다를 평안해平安海로 부를 것을 제안하였는데, 평안해는 후기 고생대 고테티스(Paleotethys) 해양의 한 부분이었다. 중한랜드에서 상부 고생대층(평안누층군 포함)의 퇴적작용은 트라이아스기 초(2억 5000만 년 전)에 끝났는데, 그 원인은 그 무렵 시작된 중한랜드와 남중랜드의 충돌 때문이었으며(그림 4-13), 임진강대를 따라 일어난 이 충돌에 의한 조산운동을 송림조산운동이라고 부른다(중국에서는 Indosinian 조산운동이라 한다.).

충돌 이후

중생대에 접어들면서 일어났던 중한랜드와 남중랜드의 충돌에 의하여

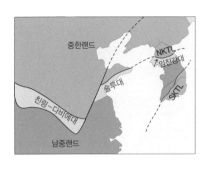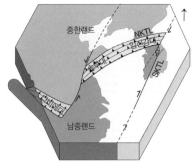

그림 4-14. 만입쐐기모델. 트라이아스기에 일어났던 중한랜드와 남중랜드의 충돌 모식도

동아시아(한반도를 포함)가 만들어졌다는 사실은 학계에서 잘 받아들여지고 있다. 현재 한반도 형성과 관련된 충돌 가설은 여러 가지가 경쟁하고 있는데, 나는 만입쐐기모델이 한반도의 지질을 가장 잘 설명한다고 생각하였다(그림 4-14). 만입쐐기모델에서는 중생대 이전에 한반도가 크게 3개의 지괴로 나뉘어져 있었으며, 북부지괴와 남부지괴는 중한랜드에, 중부지괴는 남중랜드에 속했다고 주장한다. 이 모델은 기본적으로 술루-임진강대를 따라 남중랜드가 중한랜드 아래로 섭입했다는 사실에 바탕을 둔 가설이다. 특히 강조한 내용은 현재 임진강대와 경기육괴를 이루고 있는 땅덩어리는 트라이아스기에 남중랜드가 중한랜드 밑으로 밀려들어가는 과정에서 남중랜드 가장자리에 있던 퇴적물이 중한랜드에 달라붙어 만들어진 부가대附加帶라는 점이다(그림 4-15).

트라이아스기에 남중랜드가 중한랜드 밑으로 밀려들어갈 때, 남중랜드 가장자리에 있었던 퇴적층과 지각 상부는 상대적으로 가볍기 때문에

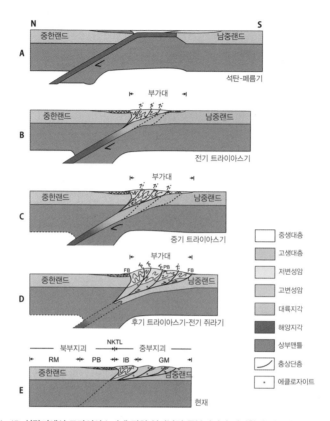

그림 4-15. 석탄기에서 트라이아스기에 걸쳐 일어났던 중부지괴의 지질학적 진화과정

잘 밀려들어가지 않았다. 따라서 남중랜드의 퇴적층과 지각 상부는 중
한랜드 쪽으로 달라붙게 되어 부가대를 형성하였고, 이 부가대가 얼마
나 깊은 곳까지 들어갔느냐에 따라 변성도가 낮은 암석(녹색편암상 변성작
용)에서부터 변성도가 높은 암석(에클로자이트상 변성작용)에 이르는 다양
한 변성암이 만들어졌을 것으로 해석하였다. 트라이아스기 후반에 이르

렀을 때, 남중랜드의 해양판 부분이 맨틀 깊은 곳으로 떨어져 나갔다. 그 결과, 해양판으로 붙잡혀 있던 부가대는 가벼운 암석으로 이루어졌기 때문에 부력에 의하여 빠르게 솟아올랐을 것이다. 이때 솟아오른 부가대는 높은 산악지대를 이루었고, 이곳의 암석들이 깎여나가 충돌대 주변에 육성퇴적층(대동누층군)을 쌓았다.

중한랜드와 남중랜드의 충돌로 동아시아 대륙의 땅덩어리는 엄청난 변화를 겪게 되었다. 이 충돌과정에서 고생대 이전의 암석들은 복잡한 습곡과 단층에 의한 변형과 변성의 역사(송림조산운동)를 겪었으며, 충돌대 주변을 따라 만들어진 작은 규모의 퇴적분지에 대동누층군이 쌓였다. 대동누층군의 암석은 대부분 충적선상지와 호수에서 쌓인 퇴적암인데, 이들 암석은 쌓이면서 계속 충돌에 의한 압력을 받아 쌓임과 동시에 계속 변형을 받았다. 이 무렵, 새롭게 태어난 동아시아 대륙의 동쪽에서는 고태평양판이 동아시아 대륙 밑으로 밀려들어가면서 활발한 화성활동을 일으켰다(그림 4-16에서 A). 이 화성활동 시기에 분출한 화산암의 기록은 잘 남겨져 있지 않지만, 한반도 곳곳에 드러나 있는 쥐라기 화강암들에서 당시 판구조 운동의 위력을 엿볼 수 있다.

중한랜드와 남중랜드가 완전히 합쳐진 것은 쥐라기에 이르러서이며, 그 이후에는 새롭게 만들어진 유라시아판과 고태평양판(Izanagi판으로 불림)의 움직임에 따라 땅덩어리의 모습이 바뀌어갔다. 쥐라기 말-백악기 초에 이르렀을 때, 고태평양판의 섭입 방향이 북쪽으로 바뀌면서(그림 4-16B) 우리 한반도를 포함한 동아시아 대륙판 가장자리에는 크고 작은

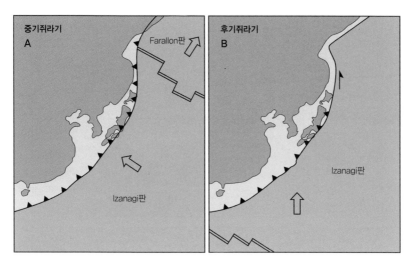

그림 4-16. 쥐라기의 동아시아 고지리도

퇴적분지들이 만들어졌는데, 그중 우리 한반도에서 가장 큰 퇴적분지가 경상분지였다. 백악기에 경상분지에 쌓인 퇴적층을 경상누층군이라고 부르며, 분지의 서쪽에서는 주로 충적선상지와 하천 퇴적작용이, 그리고 동쪽에서는 화산활동이 활발히 일어나고 있었다(그림 1-6). 이 화산활동 이 더욱 활발해지면서 경상분지의 호수는 사라졌으며, 고신기(약 5000만 년 전)에 이르러 이 화산활동도 멈추게 된다.

신생대에 한반도 주변에서 일어났던 가장 중요한 사건은 동해의 탄생 이다. 3000만 년 전 무렵, 한반도 동쪽에 있던 땅덩어리의 일부가 아시 아 대륙으로부터 떨어져 나가면서 동해가 탄생하였고, 현재의 일본열도 도 만들어졌다(그림 4-17). 이를 판구조적 관점에서 설명하면, 일본열도는

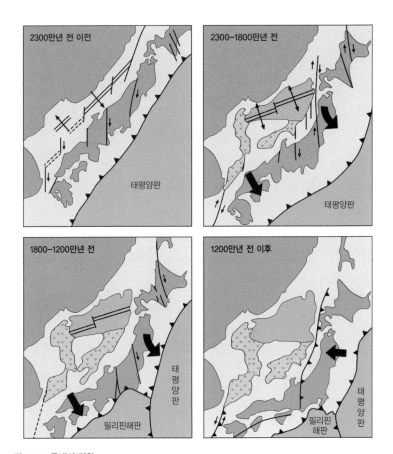

그림 4-17. 동해의 진화

화산호이며, 동해는 배호분지라고 말할 수 있다. 동해가 점점 확장되면서 동해에 바닷물이 들어오기 시작한 것은 약 2300만 년 전의 일이었다. 동해의 확장은 약 2000만 년 동안 지속되다가 지금으로부터 1200만 년 전에 이르렀을 때, 필리핀해판과 태평양판이 북쪽으로 미는 힘에 의하여 확장을 멈추고 지금은 수축의 단계에 접어든 것으로 알려져 있다. 그러므로 한반도가 현재의 모습을 갖추게 된 때는 불과 2000만 년 전이라고 말할 수 있다.

한반도의 미래

현재 판구조 지도(그림 4-1)를 보면, 우리 한반도가 속해 있는 유라시아판은 상대적으로 움직임이 느려 1년에 1센티미터의 속도로 서쪽 방향으로 움직인다. 반면에 유라시아판 주변에 있는 판의 움직임을 보면, 동쪽에 있는 태평양판과 필리핀해판은 1년에 8~10센티미터의 속도로 서쪽으로 빠르게 움직이고, 남쪽에 있는 인도-오스트레일리아판은 1년에 8센티미터의 속도로 북쪽으로 이동한다. 그러므로 유라시아 대륙은 동쪽에서도 밀리고 남쪽에서도 밀리는 형국이다.

앞에서 소개한 것처럼 약 1200만 년 전부터 동해가 수축의 단계로 접어든 것은 태평양판과 필리핀해판이 유라시아판을 밀기 때문이며, 이러한 움직임은 앞으로도 당분간 지속될 것이다. 현재와 같은 판 운동이 지속된다면, 일본열도가 한반도 쪽으로 밀리면서 마침내 동해에 쌓였던 퇴적물들은 조산운동을 받아 높이 솟아오르게 될 것이다. 먼 훗날 동해는 수축하여 더 이상 바다로 존재하지 않을 것이다.

현재 태평양판과 필리핀해판이 유라시아판을 미는 힘이 어느 정도 폭

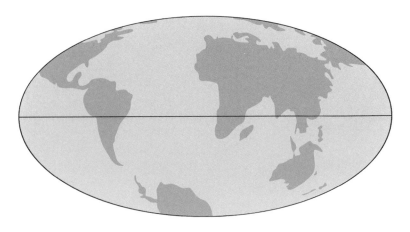

그림 4-18. 5000만 년 후의 지구

까지 영향을 주는지 알 수 없지만, 유라시아판의 가장자리에 있는 폭 1,000~2,000킬로미터의 땅덩어리는 어떤 형태로든지 강한 힘을 받을 것이기 때문에 동해뿐만 아니라 남해와 서해도 수축할 것이다. 현재 서해에는 두께 7킬로미터 이상의 퇴적층이 쌓여 있는데, 이러한 수축작용으로 서해도 솟아올라 높은 산맥으로 만들어질 가능성이 있다. 요약하면, 앞으로 5000만 년 후 동아시아의 지도를 그리면 동해도 없고 서해도 없으며, 한반도는 일본열도와 중국 대륙과 육지로 연결되어 현재와는 전혀 다른 모습을 갖추게 되리라고 생각한다.

지금으로부터 5000만 년 후의 지구(그림 4-18)에서 눈에 띄는 점을 보면, 1)동아시아에서 동해가 사라지고, 2)아프리카판과 유라시아판이 합쳐지면서 지중해에 쌓였던 퇴적물이 높은 산맥을 형성하며, 3)인도-오스트레일리아판은 유라시아판과 완전히 합쳐진 모습이다. 대서양이 넓어지면서 대서양 서쪽 가장자리를 따라 해구가 형성된 반면, 태평양판은 크게 줄어들었다. 한편 태평양판의 동쪽 가장자리에 있던 캘리포니아 반도는 북쪽으로 빠르게 이동하여 알라스카와 충돌하고 있다. 이러한 판들의 움직임을 계산하여 먼

그림 4-19. 2억 년 후의 초대륙 아마시아 (Amasia)

훗날(2억 년 후) 지구의 모습을 그려낸 판구조도에서는 새로운 초대륙 아마시아(Amasia)를 예견하고 있다(그림 4-19). 판구조론이 새로운 지구의 이론으로 등장한 지 40여 년이 흐른 지금, 인류는 지구의 과거뿐만 아니라 지구의 미래 모습도 그려낼 수 있는 능력을 갖추게 되었다.

책을 마치면서

2014년 8월 31일, 30년 가까이 근무했던 서울대학교에서 정년퇴임하였
다. 1967년 약관의 나이에 서울대학교 지질학과에 입학하여 과학자가 되
겠다는 뜻을 세우고, 그 목표를 향하여 걷기 시작한 지 40여 년이 흘렀다.
돌이켜 보면 나는 무척 운이 좋았던 사람이었다. 내가 지질학을 전공으
로 택하게 된 것, 그중에서도 고생물학, 또 고생물학 중에서도 삼엽충 화
석을 연구하게 된 것은 엄청난 행운이었다.

나는 고등학생일 때 지질학이 무엇인지도 몰랐다. 그런데 입학원서를
쓸 무렵에는 지질학과를 택해야 했다.

나는 원래 고생물학을 전공할 생각이 없었다. 그런데 4학년이 되어 자
신의 전공분야를 정해야 했을 때, 주변에 고생물학을 전공하겠다는 친구
들이 없었다. 그래서 남들이 하지 않는 분야를 전공하는 것도 좋겠다는
생각에 고생물학에 입문하였다.

나는 원래 삼엽충을 전공할 생각이 없었다. 내가 미국에서 박사학위의 주제로 공부했던 화석은 약 1억 년 전 백악기 꽃가루 화석이었다. 미국에서 돌아와 경상도지방에서 1억 년 전 꽃가루 화석을 찾아다녔는데, 그곳에는 연구할 재료가 거의 없다는 것을 알게 되었다. 그때의 실망은 어떤 말로도 표현할 수 없었다. 그 무렵 서울대학교 교수로 부임하게 되었는데 내가 연구해야 하는 지역이 강원도 태백산분지였다. 나는 원래 1억 년 전 화석을 연구하던 사람이었는데, 태백산분지의 암석은 5억 년 전 암석이었다. 처음에는 태백산분지에서 무엇을 연구해야할지 몰랐다. 연구비를 받았기 때문에 무언가 연구해야 했고, 그때 눈에 띈 화석이 삼엽충이었다. 이때 우연히 만난 삼엽충은 연구할 거리가 많은 화석이었고, 나에게 연구하는 즐거움을 안겨 주었다.

1970년대 후반, 내가 지질학을 시작하면서 처음 세웠던 학문의 목표는 꽃가루 화석을 이용하여 경상도지방에 있는 경상누층군의 지질시대를 밝히는 일이었다. 그 당시 나는 지질학의 중요한 공헌 중 하나가 암석의 나이를 알아내는 일이라고 생각했었다. 물론 암석의 나이를 정확히 알아내는 일이 학술적으로 중요하다. 그러나 최근에 들어와서 당시 나의 학문적 목표가 너무 낮았다는 생각을 하게 되었다. 왜냐하면, 우리나라 경상누층군의 지질시대를 알아내는 일이 전 지구적 관점에서 보면 너무 하찮은 문제였기 때문이다.

내가 이러한 생각을 하게 된 것은 최근 닐 슈빈(Neil Shubin)이라는 고생물학자가 쓴《내 안의 물고기(*Your inner fish*)》라는 책을 읽은 후였다. 슈빈은 고생물학자이면서 미국 시카고대학교 의과대학에서 해부학을 강의하고 있는 특이한 학자이다. 2006년 틱타알릭(*Tiktaalik*)이라는 화석 발견을 《네이처》에 발표하여 '2006년 10대 과학뉴스'로 뽑히기도 하였다. 틱타알릭이라는 화석은 어류와 양서류의 중간 단계에 해당하는 생물로 물에 살던 어류에서 뭍에 사는 양서류로 가는 진화과정을 잘 보여 준다는 점에서 획기적인 발견으로 알려져 있다. 슈빈이 이 화석을 찾을 수 있었던 것은 그가 젊었을 때 원대한 학문적 목표를 세웠기 때문이다.

슈빈은 척추고동물학 전공으로 하버드대학교에서 박사학위를 받은 후, 자신의 학문적 목표로 교과서 내용을 바꿀 수 있는 주제를 탐구하기로 정했는데, 그가 정한 주제는 바로 어류에서 양서류로 진화해 가는 과정에 있는 화석을 찾는 일이었다. 그때까지 알려진 양서류 화석 중에서 가장 오랜 것이 3억 6500만 년 전 화석인 아칸소스테가(*Acanthostega*)였으니까 그 이전의 암석에서 중간 단계의 화석을 찾겠다는 계획을 세웠다. 또한 물에서 뭍으로 올라가는 생물을 찾는 연구니까 암석이 쌓인 환경이 물과 뭍이 만나는 환경인 곳을 물색했다. 그래서 슈빈은 3억 8000만 년 전에서 3억 6000만 년 전 사이에 퇴적된 암석 중에서 물과 뭍이 만나는 환경인 곳 3군데를 고른 다음, 그중에서 캐나다 북쪽에 있는 엘리스미어(Ellesmere) 섬을 자신의 연구지역으로 정하였다. 그의 연구과제는 2000년 미국과학재단으로부터 5년 동안 지원받았다. 처음 4년 동안의 조사에서 그는 연구의 실마리도 찾지 못했지만, 마지막 해인 2004년 어류와 양서류의 중간단계에 해당하는 화석 틱타알릭을 찾아 자신의 학술적 목표를 달성하였다.

내가 이 이야기를 장황하게 늘어놓는 이유는 만일 이 책을 읽는 독자 중에서 앞으로 과학자가 되겠다는 생각을 하는 사람이 있다면, 나중에 어떤 학문 분야를 전공으로 택하건 간에 자신의 학문적 목표를 높게 정하라는 취지에서이다. 과학을 하다보면 자신이 전공한 분야에서 어떤 형태로든지 학술적 업적을 쌓을 수는 있겠지만, 이왕이면 학술적으로 큰 공헌을 할 수 있는 주제를 연구하기 바라는 마음이 크기 때문이다.

용어 해설

강괴(剛塊) 한동안(보통 고생대 이후) 조산운동이나 변형작용을 겪지 않은 비교적 안정된 지역.

강남동물구 현재의 남중국과 우리나라 영월지방을 포함한 지역으로 주로 전 세계적인 분포를 보여 주는 삼엽충이 발견되는 지역.

개체발생과정(個體發生過程) 한 생물이 태어나서 죽을 때까지 겪는 과정.

건열(乾裂) 가물 때 논바닥이 갈라지는 것처럼 지층면에서 관찰되는 다각형의 갈라진 퇴적구조.

경상누층군(慶尙累層群) 지금 경상도지방에 넓게 분포하는 백악기 지층을 묶은 이름.

계(系) 시간층서단위의 하나로 대층(代層)과 통(統) 사이를 차지하는 단위. 지질시간단위의 기(紀)에 해당한다.

계명산층 옥천누층군의 최하부층으로 주로 화산암과 화산퇴적물로 이루어짐.

고배류(古盃類) 캄브리아기에 살았던 무척추동물의 일종.

고생대(古生代) 5억 4100만 년 전에서 2억 5200만 년 전의 지질시대.

고생물학(古生物學) 과거 지질시대에 살았던 생물의 유해와 활동 흔적을 다루는 지질학의 한 분야.

고시생대(古始生代) 36억 년 전에서 32억 년 전의 지질시대.

고신기(古新紀) 신생대의 한 시기로 66Ma에서 23Ma까지의 기간.

고아시아 해양(Paleo-Asian Ocean) 고생대에 중한랜드와 현재의 시베리아를 이루었던 대륙 사이에 있었던 바다.

고운리층 옥천누층군 중에서 최상부층으로 석회암과 셰일이 반복적으로 쌓여 이루어짐.

고융기대(古隆起帶) 옛날에 지형적으로 높았던 지역.

고원생대(古原生代) 25억 년 전에서 16억 년 전의 지질시대.

고지리(古地理) 과거 지질시대의 대륙과 해양의 분포를 연구하는 지질학의 한 분야.

고지자기(古地磁氣) 암석 속에 들어있는 자성을 띠는 광물에 의하여 기록된 과거 지질시대의 지구 자기.

고태평양판 중생대 이전에 현재의 태평양에 자리했던 해양판으로 지금은 맨틀 속으로 들어가 있다.

고테티스해(Paleotethys) 후기 고생대 때 판게아 대륙에 의하여 감싸인 해양.

곤드와나(Gondwana) 대륙 고생대에 남반구에 자리했던 커다란 대륙으로 오늘날의 남아메리카, 아프리카, 인도, 오스트레일리아, 남극대륙을 포함한다.

관입(貫入) 마그마를 이루고 있는 물질이 암석을 뚫는 현상.

구현층군 북한지역의 황해도 일대에 분포하는 신원생대 퇴적층 중에서 가장 젊은 지층.

군집(群集) 어느 지역에 살고 있는 생물의 집단.

규암(硅岩) 주로 석영 알갱이로 이루어진 단단한 사암 또는 이들이 변성된 암석.

규질쇄설암 주로 규질(대표적 광물은 석영)의 알갱이로 이루어진 퇴적암.

기(紀) 지질시간 단위로 대(代)와 세(世) 사이의 단위.

남중랜드 고생대 이전에 한 덩어리로 움직였던 작은 대륙으로 남중국의 대부분과 한반도의 중부지역을 포함하는 땅덩어리.

남한구조선(南韓構造線) 남한지역에서 중부지괴와 남부지괴를 나누는 구조선.

내륙해(內陸海) 대륙 내에 존재하는 얕은 바다. 황해가 대표적 예이다.

녹색편암상(綠色片岩相) 넓은 지역에 걸쳐 일어나는 변성작용으로 압력 조건은 낮으며, 온도 범위는 섭씨 300~500도에 해당한다.

누층군(累層群) 2개 이상의 층군을 묶은 암석층서단위

눈덩이 지구(snowball Earth) 지구가 모두 빙하로 덮였던 때가 있었다는 가설로 눈덩이 지구 시대는 고원생대(약 23억 년 전)와 신원생대(8~6억 년 전)에 있었던 것으로 알려져 있다.

다이아믹타이트(diamictite) 진흙 속에 크고 작은 자갈들이 불규칙하게 섞여 있는 퇴적암.

대(帶) 암석이 습곡과 단층에 의하여 복잡하게 변형된 지역으로 보통 조산운동에 의하여 만들어진다.(=습곡대, 조산대)

대(代) 지질시간단위로 누대(累代)와 기(紀) 사이의 단위.

대결층(大缺層) 지층과 지층 사이를 가르는 부정합 중에서 기간이 긴 경우에 쓰인다.

대기층 중기 캄브리아기에 태백지역에 쌓인 층으로 주로 석회암으로 이루어짐.

대동누층군 트라이아스기와 쥬라기 초에 한반도에 쌓였던 육성퇴적층.

대륙대(大陸臺) 대륙사면의 끝에서 기울기(약 1도)가 완만해 지는 부분.

대륙붕(大陸棚) 해안으로부터 서서히 깊어지는(기울기 약 0.1도) 바다 밑으로 수심은 200미터보다 얕다.

대륙사면(大陸斜面) 대륙붕 끝에서 갑자기 경사가 급해지는(기울기 약 4도) 부분으로 최대 수심은 1.5~3.5킬로미터이다.

대보조산운동 쥐라기에 한반도에서 일어났던 조산운동.

대향산규암층 옥천누층군 하부에 있는 주로 규암으로 이루어진 지층.

돌로스톤(dolostone) 돌로마이트[$CaMg(CO_3)_2$]로 이루어진 퇴적암.

동물구(동물구) 같은 종류의 동물군집이 살았던 지역.

동점층 최후기 캄브리아기에서 전기 오르도비스기에 태백지역에 쌓인 층으로 주로 사암으로 이루어짐.

두무골층 전기 오르도비스기에 태백지역에 쌓인 층으로 주로 석회암으로 이루어짐.

두위봉층 중기 오르도비스기에 태백지역에 쌓인 층으로 주로 석회암으로 이루어짐.

로디니아(Rodinia) 약 10억 년 전에 지구상의 모든 대륙이 모여 이루었던 초대륙.

로렌시아(Laurentia) 고생대 때 현재의 북아메리카 대부분으로 이루어졌던 대륙.

마차리층 중기-후기 캄브리아기에 영월지역에 쌓인 층으로 셰일과 석회암으로 이루어짐.

막골층 중기 오르도비스기에 태백지역에 쌓인 층으로 주로 석회암으로 이루어짐.

만입쐐기모델 중생대 이전에 한반도가 크게 세 부분으로 나뉘어 있다가 중한랜드와 남중랜드가 충돌하는 과정에서 생겨난 봉합선을 이었을 때 오목한 쐐기모양을 이루었다는 생각.

말린층리 퇴적암에서 불규칙적으로 접힌 양상을 보여 주는 층리.

면산층 중기 캄브리아기에 태백지역에 쌓인 층으로 역암과 자갈을 포함하는 사암으로 이루어짐.

명오리층 신원생대에 충청도 일대 쌓인 층으로 최하부는 석회암으로 이루어진 금강석회암멤버와 상부의 검은 천매암으로 이루어진 서창리멤버로 나뉨.

묘봉층 중기 캄브리아기에 태백지역에 쌓인 층으로 주로 셰일로 이루어짐.

문곡층 전기 오르도비스기에 영월지역에 쌓인 층으로 석회암과 셰일로 이루어짐.

문주리층 옥천누층군의 중부에 있는 지층으로 주로 화산암과 화산퇴적물로 이루어짐.

발티카(Baltica) 고생대 때 현재의 스칸디나비아 반도의 땅덩어리로 이루어졌던 대륙.

배호분지(背弧盆地) 화산호와 해구가 나란히 있는 지역에서 해구의 반대편이 해저확장에 의하여 열리면서 생겨난 분지. 동해가 대표적 예이다.

변환단층(變換斷層) 판의 경계 중에서 해령 사이의 경계를 따라 판이 반대방향으로 이동하지만 해령에서 먼 곳에서는 판이 같은 방향으로 이동하는 단층.

부가대(附加帶) 판과 판이 충돌하는 경계에서 섭입하는 판 위에 놓여있던 퇴적물과 지각의 일부가 반대편 판으로 달라붙으면서 두 판 사이에 낀 부분으로 보통 심하게 변형되어 있다.

부정합(不整合) 위·아래 지층 사이에 오랜 시간 간격이 있음을 알려주는 면.

북한구조선(北韓構造線) 북한지역에서 북부지괴와 중부지괴를 나누는 구조선.

분지(盆地) 특정 시기의 퇴적층들이 두껍게 쌓인 곳.

비랑동층 신원생대에 황해도 일대 쌓인 층으로 자갈을 포함하는 다이아믹타이트로 이루어짐.

사암(砂岩) 주로 모래알갱이로 이루어진 퇴적암.

삼방산층 중기 캄브리아기에 영월지역에 쌓인 층으로 주로 사암과 셰일로 이루어짐.

상원누층군 북한지역의 황해도 일대∥에 분포하는 신원생대 퇴적층.

새눈구조(bird's-eye structure) 석회암에서 관찰되는 구조로 불규칙한 모양의 빈 공간을 흰색의 방해석이 채워 마치 새의 눈처럼 보인다.

생물초(生物礁) 바다의 바닥에 붙어사는 생물들의 골격이나 유해들이 모여 이룬 언덕 형태의 구조.

석고(石膏) 황산염광물의 하나로 화학식은 $CaSO_4 \cdot 2H_2O$이며, 보통 바다나 호수에서 증발이 잘 될 때 생성된다.

석호(潟湖) 원래 바다였으나 모래톱 또는 산호초에 의하여 바다와 격리된 호수로 부분적으로 바다와 연결되기도 한다.

섭입(攝入) 지구 겉 부분에서 판과 판이 충돌할 때, 한 판이 다른 판 밑으로 밀려들어가는 현상.

세(世) 시간층서단위로 기(紀)와 절(節) 사이의 단위.

세송층 중기-후기 캄브리아기에 태백지역에 쌓인 층으로 주로 셰일과 사암으로 이루어짐.

셰일(shale) 진흙처럼 작은 알갱이로 이루어진 퇴적암으로 어떤 면을 따라 잘 쪼개지는 성질이 있다.

송림조산운동 트라이아스기에 한반도에서 일어났던 조산운동.

쇄설성(碎屑性) 퇴적암의 알갱이들이 암석 부스러기로 이루어진 경우에 쓰는 형용사.

술루-임진강대 중국 산동반도와 황해도를 잇는 습곡대 또는 충돌대.

습곡대(褶曲帶, fold belt) ⇒ 대

습곡구조(褶曲構造) 원래 평평했던 지층이 구부러지거나 휘어진 구조.

시생누대(始生累代) 40억 년 전에서 25억 년 전 사이의 지질시대.

신생대(新生代) 6600만 년 전부터 현재까지의 지질시대.

신시생대(新始生代) 28억 년 전에서 25억 년 전의 지질시대.

신신기(新新紀) 신생대의 한 시기로 2300만 년 전에서 에서 250만 년 전까지의 기간

신원생대(新原生代) 10억 년 전에서 5억 4100만 년 전 사이의 지질시대.

심해저평원(深海底平原) 해양의 가운데 수심이 3~6킬로미터인 넓고 평탄한 지역.

스트로마톨라이트(stromatolite) 남세균의 활동에 의하여 만들어지는 얇은 층들이 겹겹이 쌓여 이루는 퇴적구조.

암상(岩相) 암석의 겉보기 모습과 특성.

양자지괴 남중랜드의 북서부를 차지하는 땅덩어리.

어란상 석회암 중에서 암석을 이루고 있는 알갱이가 마치 물고기 알이 모여 있는 것처럼 보이는 모습.

에디아카라기(Ediacaran) 선캄브리아 시대(또는 신원생대)의 마지막 지질시대로 635-541Ma에 해당하는 기간.

에클로자이트(eclogite)상 변성작용 넓은 지역에 걸쳐 일어나는 고압-초고압 변성작용.

역암(礫岩) 자갈을 많이 포함하는 쇄설성 퇴적암.

연해(沿海) 대륙 가장자리에 육지로 둘러싸인 바다. 지중해, 동해가 대표적인 예.

열개분지(裂開盆地) 장력에 의하여 대륙이 갈라지는 과정에서 형성된 깊은 골짜기로 화산활동과 함께 퇴적층이 두껍게 쌓이는 곳.

열곡대(裂谷帶) 단층을 경계로 양쪽의 땅덩어리가 벌어지면서 생겨난 좁고 기다란 골짜기.

열점(熱點) 오랫동안 화산활동이 일어나는 곳으로 맨틀 깊은 곳에서 마그마가 올라오는 통로와 연결된 지점. 하와이 섬이 대표적인 예.

엽리(葉理) 퇴적층의 두께가 1센티미터보다 얇은 층들로 이루어질 때 쓰는 명칭.

옥천누층군 충청도 일대에 분포하는 신원생대 변성퇴적층을 묶은 이름.

옥천대(沃川帶) 경기육괴와 영남육괴 사이에 북동-남서 방향으로 분포하는 신원생대 변성퇴적 암층과 고생대층이 분포하는 지역.

온콜라이트(oncloite) 동심원상의 층리구조를 보여 주는 석회질 덩어리. 보통 덩어리의 지름은 수 센티미터이다.

와곡층 후기 캄브리아기에 영월지역에 쌓인 층으로 주로 돌로스톤으로 이루어짐.

우이드(ooid) 석회암을 이룬 알갱이 중에서 동심원상의 구조를 가진 모래 크기의 구형체.

육괴(陸塊) 지형적으로나 구조적으로 특정한 방향성을 보여 주지 않는 암석들이 모여 있는 땅덩 어리.

육성층 ⇒ 육성퇴적층.

육성퇴적층(육성퇴적층) 육상 환경인 하천, 호수, 사막, 빙하지역에서 쌓인 지층.

이암(泥岩) 모래와 진흙이 고루 섞인 쇄설성 퇴적암.

장산층 중기 캄브리아기에 태백지역에 쌓인 층으로 주로 사암으로 이루어짐.

저탁암(底濁岩) 모래와 진흙이 경사면을 따라 흘러내려 쌓인 퇴적물이 굳어 만들어진 암석으로 특징적인 퇴적구조를 보여 준다.

제4기 신생대의 한 부분으로 약 250만 년 전에서 약 1만 년 전까지의 기간.

조간대(潮間帶) 밀물과 썰물이 들고나는 지역.

조산대(造山帶) ⇒ 대

조산운동(造山運動) 산을 만드는 운동. 보통 판과 판의 충돌과정에서 만들어진다.

조선누층군 강원도 남부와 평안남도 일대에 분포하는 캄브리아-오르도비스기 퇴적층을 묶은 이름.

주사전자현미경(走査電子顯微鏡) 정밀하게 초점이 맞추어진 전자 빔을 관찰하려는 표본의 표면에 서 반사되어 나오는 전자의 강도를 측정하여 고배율의 상을 만드는 현미경.

중생대(中生代) 2억 5200만 년 전에서 6600만 년 전까지의 기간.

중앙아시아 조산대(Central Asian Orogenic Belt) 서쪽으로 우랄산맥에서 동쪽으로 태평양에 걸친 거대한 조산대로 북쪽으로는 시베리아와 남쪽으로는 중한랜드와 만난다. 이 조산대는 중원생대 말에서부터 트라이아스기에 이르기까지 약 8억 년의 판구조운동에 의하여 만들어졌다.

중한랜드 고생대 이전에 한 덩어리로 움직였던 작은 대륙으로 북중국의 대부분과 한반도의 일부를 포함하는 땅덩어리.

쥐라기 중생대의 한 부분으로 2억 100만 년 전에서 1억 4500만 년 전까지의 기간.

증발광물 바닷물이 증발할 때 만들어진 광물로 소금과 석고가 대표적인 예.

지각(地殼) 지구의 겉 부분으로 두께는 대륙 아래에서 평균 35킬로미터이고, 해양에서는 7~8킬로미터이다.

지괴(地塊) 역사적으로 서로 관련이 깊은 지체구조구 몇 개를 묶은 땅덩어리.

지르콘(zircon) 광물의 일종으로 화학식은 $ZrSiO_4$.

지질계통(地質系統) 지질시대에 따라 생성된 암석들을 체계화하여 정리한 것.

지체구조(地體構造) 지각을 이루는 암석들의 지질구조와 변형, 그리고 그들의 상호관계를 다룸.

지체구조구(地體構造區) 같은 시기에 생성된 암석이 거의 같은 지질 역사를 겪은 지역.

직운산층 태백지역에서 중기 오르도비스기에 쌓인 층으로 주로 셰일로 이루어짐.

천매암(千枚岩) 진흙처럼 작은 알갱이로 이루어진 퇴적암으로 셰일보다 훨씬 더 잘 쪼개짐.

충상단층(衝上斷層) 단층의 상반이 하반 위로 올라탄 역단층의 일종으로 단층면의 경사각이 45도 이하인 단층.

충적선상지 산골짜기를 따라 내려온 퇴적물이 쌓여 만든 완만한 경사를 이룬 부채꼴 모양의 지형.

층(層) 야외에서 지층을 구분하는 단위를 암석층서단위라고 하는데, 암석층서단위의 기본을 이루는 단위가 층이다. 층은 하나 또는 두 개 이상의 암석으로 이루어지며, 층의 두께는 지질도에 표시할 수 있을 정도로 두꺼워야 한다.

층군(層群) 두 개 이상의 층을 묶은 암석층서단위.

층리(層理) 층이 쌓인 모습.

층서(層序) 층이 쌓인 순서.

캐타이시아지괴 남중랜드의 동남부를 차지하는 땅덩어리.

탄산염암(炭酸鹽岩) 석회암, 돌로스톤과 같이 주로 탄산염 광물로 이루어진 퇴적암.

태백산분지 강원도 남부 일대에 고생대층이 두껍게 쌓인 지역.

퇴적구조(堆積構造) 퇴적물이 쌓이면서 만드는 다양한 모습의 구조.

퇴적학(堆積學) 침식, 운반, 퇴적과정 등 퇴적암이 형성되는 과정을 연구하는 지질학의 한 분야.

트라이아스기 중생대의 오랜 시기로 2억 5200만 년 전에서 2억 100만 년 전까지의 기간

판(板) 판구조론에 의하면 지구의 겉 부분을 이루는 암석권은 여러 개의 조각으로 나뉘는데, 암석권을 이루는 하나의 조각을 판이라고 부른다.

판게아(Pangea) 석탄기(약 3억 년 전)에 지구상의 모든 대륙이 모여 이루었던 초대륙.

판구조론 지구의 겉 부분이 여러 개의 판으로 이루어졌으며, 이 판들의 상호 움직임에 의하여 지진이나 화산 등 여러 자연현상이 일어난다고 설명하는 이론.

평안누층군 강원도 남부와 평안남도 일대에 분포하는 석탄-페름기 퇴적층을 묶은 이름.

평행부정합(平行不整合) 부정합면을 경계로 위아래의 지층들이 평행한 부정합.

표준화석(標準化石) 지층의 퇴적시기를 알려주는 화석.

플라이스토세(Pleistocene) 250만 년 전에서 1만 년 전 사이의 지질시대.

해구(海溝) 보통 해양의 가장자리에 있는 깊은(수심 7~11킬로미터) 골짜기.

해령(海嶺) 해양에 있는 산맥과 같은 지형으로 그 길이가 수천 킬로미터에 달한다. 육지의 산맥과 달리 해령의 중앙에는 넓고 깊은 골짜기가 있는 점이 특징이다.

해분(海盆) 바다 밑의 긴 골짜기로 해구에 비하여 넓고 얕다. 대표적인 해분이 오카나와 해분이다.

해빈(海濱) 모래나 자갈로 덮인 해안.

해성층(海成層) 바다에서 쌓인 퇴적층.

향사(向斜) 아래로 볼록한 습곡구조로 습곡축의 가운데 젊은 지층이 놓이는 습곡.

향산리층 옥천누층군의 하부층으로 주로 돌로스톤으로 이루어짐.

현생누대(Phanerozoic Eon) 5억 4100만 년 전 이후 현재까지를 아우르는 지질시대로 보통 고생대, 중생대, 신생대로 구분된다.

현세(Holocene) 1만 년 전 이후 현재까지의 지질시대.

호상열도(弧狀列島) ⇒ 화산호

화산쇄설암 화산이 분출할 때 부스러져 나온 암석 알갱이들로 이루어진 퇴적암.

화산호(火山弧) 해구를 따라 나란히 굽은 형태로 배열된 화산지대. 안데스산맥이나 일본열도가 대표적인 예.

화절층 후기 캄브리아기에 태백지역에 쌓인 층으로 주로 석회암과 셰일로 이루어짐.

황강리층 신원생대에 충청도 일대 쌓인 층으로 자갈을 포함하는 다이아믹타이트로 이루어짐.

황하동물구 현재의 북중국과 우리나라 태백지방을 포함한 지역으로 주로 얕은 바다에서 살던 토착성 삼엽충이 발견되는 지역.

회장암 커다란 결정의 Ca가 많은 사장석으로 이루어진 암석.

SHRIMP(Sensitive High Resolution Ion Microprobe) 암석 속 광물 알갱이에 들어있는 동위원소 비를 측정하는 고분해능 이온 질량분석기로 암석 연령을 측정하는 데 사용되는 장비.

참고 문헌

1장 나는 지질학자다

• 대한지질학회, 1997, 대한지질학회 50주년사 자료집.

• Choi, D.K., 1985, Spores and pollen from the Gyeongsang Supergroup, southeastern Korea and their chronologic and paleoecologic implications. *Journal of the Paleontological Society of Korea*, v. 1, p. 33-50.

• Chough S.K. and Sohn, Y.K., 2010, Tectonic and sedimentary evolution of a Cretaceous continental arc-backarc system in the Korean peninsula: New view. *Earth-Science Reviews*, v. 101, p. 225-249.

2장 삼엽충이 알려 준 것들

• 최덕근, 2009, 태백산분지 삼엽충 화석군과 한반도의 전기 고생대 고지리,고환경 복원에서 그 들의 중요성. 고생물학회지, v. 25, p. 129-148.

• 최덕근, 2014, 한반도형성사. 서울대학교출판문화원, p. 277.

• Choi, D.K., Kim, E.-Y. and Lee, J. G., 2008, Upper Cambrian polymerid trilobites from the Machari Formation, Yongwol, Korea. *Geobios*, v. 41, 183-204.

• Choi, D.K. and Chough, S.K., 2005, The Cambrian-Ordovician stratigraphy of the Taebaeksan Basin, Korea: a review. *Geosciences Journal*, v. 9, p. 187-214.

• Choi, D.K. and Lee, Y.I., 1988, Invertebrate fossils from the Dumugol Formation (Lower Ordovician) of Dongjeom area, Korea. *Journal of the Geological Society of Korea*, v. 24, p. 289-305.

• Choi, D.K., 1998, The Yongwol Group (Cambrian-Ordovician) redefined: a proposal for the stratigraphic nomenclature of the Choson Supergroup. *Geoscience Journal*, v. 2, p. 220-234.

• Choi, D.K., Chough, S.K., Kwon, I.K., Lee, S.-B., Woo, J., Kang, I., Lee, H.S., Lee, S.M., Sohn, J.W., Shinn Y.J. and Lee, D.J., 2004a, Taebaek Group (Cambrian-Ordovician) in the Seokgaejae section, Taebaeksan Basin: a refined lower Paleozoic stratigraphy in Korea. *Geosciences Journal*, v. 8, 125-151.

- Choi, D.K., Kim, D.H. and Sohn, J.W., 2001, Ordovician trilobite faunas and depositional history of the Taebaeksan Basin, Korea: implications for palaeogeography. *Alcheringa*, v. 25, p. 53-68.

- Choi, D.K., Lee, J.G. and Sheen B.C., 2004b, Upper Cambrian agnostoid trilobites from the Machari Formation, Yoongwol, Korea. *Geobios*, v. 37, p. 159-189.

- Cluzel, D., Lee, B.-J. and Cadet, J.P., 1991, Indosinian dextral ductile fault system and synkinematic plutonism in the southwest of the Ogcheon belt (South Korea). *Tectonophysics*, v. 194, p. 131-151.

- Kobayashi, T., 1934, The Cambro-Ordovician formations and faunas of South Chosen, Palaeontology, Part II, Lower Ordovician faunas. *Journal of the Faculty of Science*, Imperial University of Tokyo, Section II, v. 3, p. 521-585.

- Kobayashi, T., 1962, The Cambro-Ordovician formations and faunas of South Korea, Part IX, Paleontology VIII, The Machari fauna. *Journal of the Faculty of Science*, University of Tokyo, Section II, v. 14, p. 1-152.

- Kobayashi, T., 1967. The Cambro-Ordovician formations and faunas of South Korea, Part X, Stratigraphy of the Chosen Group in Korea and South Manchuria and its relation to the Cambro-Ordovician formations of other areas, Section C, The Cambrian of eastern Asia and other parts of the continent. *Journal of the Faculty of Science*, University of Tokyo, Section II, v. 16, p. 381-534.

- Lee, D.C. and Choi, D.K., 1992, Reappraisal of the Middle Ordovician trilobites from the Jigunsan Formation, Korea. *Journal of the Geological Society of Korea*, v. 28, p. 167-183.

- Lee, S.-B., Lefebvre, B. and Choi, D.K., 2005, Latest Cambrian cornutes (Echinodermata, Stylophora) from the Taebaeksan Basin, Korea. *Journal of Paleontology*, v. 79, p. 139-151.

- McKenzie, N.R., Hughes, N.C., Myrow, P.M., Choi, D.K. and Park, T.-Y., 2011, Trilobites and zircons link north China with the eastern Himalaya during the Cambrian. *Geology*, v. 39, p. 591-594.

- Park, T.-Y. and Choi, D.K., 2009, Post-embryonic development of the Furongian (late Cambrian) trilobite Tsinania canens: implications for life mode and phylogeny. *Evolution and Development*, v. 11, p. 441-445.

- Ree, J.-H., Cho, M., Kwon, S.-T. and Nakamura, E., 1996, Possible eastward extension of

Chinese collision belt in South Korea: The Imjingang Belt. *Geology*, v. 24, p. 1071-1074.

3장 눈덩이 지구

* 김동학·장태우·김원영·황재하, 1978, 한국지질도, 옥천도폭(1:50,000). 상공부 국립지질조사소.
* 이대성·이하영·장기홍, 1972, 옥천계내 향산리돌로마이트층에서 Archaeocyatha의 발견과 그 의의. 지질학회지, v. 8, p. 191-197.
* 이민성·박봉순, 1965, 한국지질도 지질도폭 설명서, 황강리 도폭(1:50,000). 상공부 국립지질조사소.
* Choi, D.K., Kim, E.-Y. and Lee, J. G., 2008, Upper Cambrian polymerid trilobites from the Machari Formation, Yongwol, Korea. *Geobios*, v. 41, 183-204.
* Choi, D.K., Lee, J.G. and Sheen B.C., 2004b, Upper Cambrian agnostoid trilobites from the Machari Formation, Yoongwol, Korea. *Geobios*, v. 37, p. 159-189.
* Choi, D.K., Woo, J. and Park, T.-Y., 2012, The Okcheon Supergroup in the Lake Chungju area: Neoproterozoic volcanic and glaciogenic sedimentary successions in a rift basin. *Geosciences Journal*, v. 16, p. 229-252.
* Hoffman, P.F., Kaufman, A.J., Halverson, G.P. and Schrag, D.P., 1998, A Neoproterzoic snowball Earth. *Science*, v. 281, p. 1342-1346.
* Kirschvink, J.L., 1992, Late Proterozoic low-latitude global glaciation: the snowball Earth. In: J.W. Schopf and C. Klein (eds.), *The Proterozoic Biosphere*, p. 51-52. Cambridge University Press.
* Reedman, A.J., Fletcher, C.J.N., Evans, R.B., Workman, D.R., Yoon, K.S., Rhyu, H.S., Jeong, S.W. and Park, N., 1973, Geological, geophysical, and geochemical investigations in the Hwanggangni area, Chungcheong bug-do. *Report of Geological and Mineralogical Institute of Korea*, v. 1, p. 1-119.

4장 우리 땅의 역사를 찾아서

* 오창환, 2012, 원생대 이후 트라이아스기까지의 남한과 동북아시아의 지구조 진화. 암석학회지, v. 21, p. 59-87.
* 이동진·최용미·이동찬·이정구·권이균·조림·조석주, 2013a, 평남분지의 하부와 중부 고생대층 - 송림역암의 고지리적 의의. 지질학회지, v. 49, p. 5-15.
* 이동진·최용미·이동찬·이정구·권이균·조림·조석주, 2013b, 평남분지의 하부와 중부 고생대층 - 상서리통과 곡산통. 지질학회지, v. 49, p. 181-195.

• 최덕근, 2009, 태백산분지 삼엽충 화석군과 한반도의 전기 고생대 고지리,고환경 복원에서 그들의 중요성. 고생물학회지, v. 25, p. 129-148.

• 최덕근, 2014, 한반도형성사. 서울대학교출판문화원, p. 277.

• Cho, M., Kim, H., Lee, Y., Horie, K., and Hidaka, H., 2008, The oldest (ca. 2.51 Ga) rock in South Korea: U-Pb zircon age of a tonalitic migmatite. Daeijak Island, western Gyeonggi Massif. *Geosciences Journal*, v. 12, p. 1-6.

• Cho, D.-L., Lee, S.R., Koh, H.J., Park, J.-B., Armstrong, R., and Choi, D.K., 2014, Late Ordovician volcanism in Korea constrains the timing for breakup of Sino-Korean Craton from Gondwana. *Journal of Asian Earth Sciences*, v. 96, p. 279-286.

• Choi, D.K., Woo, J. and Park, T.-Y., 2012, The Okcheon Supergroup in the Lake Chungju area: Neoproterozoic volcanic and glaciogenic sedimentary successions in a rift basin. *Geosciences Journal*, v. 16, p. 229-252.

• Chough, S.K., Kwon, S.T., Ree, J.H. and Choi, D.K., 2000, Tectonic and sedimentary evolution of the Korean peninsula: a review and new view. *Earth-Science Reviews*, 52, 175-235.

• Evans, D.A.D., 2009. Palaeomagnetically viable, long-lived and all-inclusive Rodinia supercontinent reconstruction. In: J.B. Murphy, J.D. Keppie, A.J. Hynes (Eds.), Ancient Orogens and Modern Analogues, *Geological Society*, London, Special Publications, 327, 371-404.

• Haq, B.U. and Schutter, S.R., 2008, A chronology of Paleozoic sea-level change. *Science*, v. 322, p. 64-68.

• McKenzie, N.R., Hughes, N.C., Myrow, P.M., Choi, D.K. and Park, T.-Y., 2011, Trilobites and zircons link north China with the eastern Himalaya during the Cambrian. *Geology*, v. 39, p. 591-594.

• Peters, S.E. and Gaines, R.R., 2012, Formation of the 'Great Unconformity' as a trigger for the Cambrian explosion. *Nature*, v. 484, p. 363-366.

그림 출처

* 아래 표기된 그림을 제외한 이 책에 수록된 사진 및 그림의 저작권은 저자와 (주) 휴머니스트 출판그룹이 갖고 있습니다.

1-6　Chough S.K., Sohn, Y.K., 2010. Tectonic and sedimentary evolution of a Cretaceous continental arc-backarc system in the Korean peninsula: New view. *Earth-Science Reviews* 101, 225-249에서 수정.

2-16　Choi, D.K., Kim, D.H. and Sohn, J.W., 2001, Ordovician trilobite faunas and depositional history of the Taebaeksan Basin, Korea: implications for palaeogeography. *Alcheringa*, v. 25, p. 53-68.

2-17　최덕근, 2009, 태백산분지 삼엽충 화석군과 한반도의 전기 고생대 고지리,고환경 복원에서 그들의 중요성. 고생물학회지, v. 25, p. 129-148.

2-18　McKenzie, N.R., Hughes, N.C., Myrow, P.M., Choi, D.K. and Park, T.-Y., 2011, Trilobites and zircons link north China with the eastern Himalaya during the Cambrian. *Geology*, v. 39, p. 591-594.

4-2　Choi, D.K., 1998, The Yongwol Group (Cambrian-Ordovician) redefined: a proposal for the stratigraphic nomenclature of the Choson Supergroup. *Geoscience Journal*, v. 2, p. 220-234.

4-3　ⓒ 한국자원연구소, 1995

4-5　최덕근, 2014, 한반도형성사. 서울대학교출판문화원.

4-7　Evans, D.A.D., 2009. Palaeomagnetically viable, long-lived and all-inclusive Rodinia supercontinent reconstruction. In: J.B. Murphy, J.D. Keppie, A.J. Hynes (Eds.), Ancient Orogens and Modern Analogues, *Geological Society*, London, Special Publications.에서 수정.

4-18　Yoon, S.H. and Chough, S.K., 1995, Regional strike-slip in the eastern continental margin of Korea and its tectonic implications for the evolution of Ulleung Basin, East Sea (Sea of Japan). Geological Society of America Bulletin, v. 107, p. 83-97.에서 수정.

찾아보기

166, 170, 178~179, 190, 195

지질학자 • 13, 15~16, 23, 45, 51, 65, 67~68, 133~134

지체구조구 • 100, 166~168

지체구조도 • 166~168, 175

지층 • 18, 39, 47~49, 53~54, 60~62, 65, 71, 77, 82~83, 93, 95, 105, 107~108, 116~118, 121~122, 127~131, 136, 140, 142, 151, 170, 176

지형도 • 18, 20, 23, 64~65, 76

ㅊ

충주충군 • 132~134

충주호 • 89~90, 119, 120~122, 126, 130~131, 138~140, 142~143, 145, 148, 150~152

충청분지 • 100, 136~138, 142, 149, 167~168, 171~173, 176, 178, 181, 188~189

층 • 50

　층군 • 50

　누층군 • 50

ㅋ

캄브리아기 • 29, 45, 49, 58, 62, 77~79, 81~83, 85, 87~88, 92~95, 98~102, 107, 110~111, 115, 118~119, 134, 150, 152, 163, 178, 182, 184

캄브리아-오르도비스기 • 46, 54, 77, 85, 96, 131, 133~134, 169

커쉬빙크, 조 • 115, 123

KOREA 2004 • 83, 85, 91

ㅌ

태백산맥 • 76, 157~158

태백산분지 • 46~47, 53, 57, 63, 68, 70~71,

75, 79, 92, 100, 102, 110, 112, 115~116, 135~136, 165, 168, 171~173, 176, 178, 182, 184, 188, 190, 191

태백산지구 • 22~25, 46~47, 65~66

태평양판 • 158~159, 198~199, 201

퇴적구조 • 18, 52, 72, 87, 118, 142, 186

퇴적물 • 28~29, 40, 47, 50, 105, 110, 118, 135, 142, 148, 162, 182, 185, 191, 194, 199~200

ㅍ

판게아 • 176~177, 193

판구조론 • 40, 135, 157, 160, 201

페름기 • 45, 49, 58, 102, 163, 178

평안누층군 • 46, 49, 69, 163~165, 169, 172~173, 178, 190~191, 193

평행부정합 • 49, 164,

표준화석 • 62, 87

ㅎ

한반도 • 38, 40, 45, 47, 53, 63, 69~71, 74, 90, 99~100, 102~103, 143, 157~168, 171~179, 181~182, 188~189, 194, 196~197, 199~200

해양퇴적물 • 28, 180

향산리층 • 132, 134, 139

현세 • 159

화석 • 15, 17~18, 29~30, 34, 39, 42, 45, 51~57, 59~62, 67~68, 70~71, 77, 79, 82, 85~88, 92~104, 106~108, 112, 116~118, 120 134, 149, 152, 162, 176, 185~186

화석산지 • 20, 117, 152

황강리 지질도 • 130~134

황강리층 • 138~146, 148, 181

10억 년 전으로의 시간 여행

1판 1쇄 발행일 2016년 2월 22일
1판 3쇄 발행일 2020년 10월 19일

지은이 최덕근

발행인 김학원
발행처 (주)휴머니스트출판그룹
출판등록 제313-2007-000007호(2007년 1월 5일)
주소 (03991) 서울시 마포구 동교로23길 76(연남동)
전화 02-335-4422 팩스 02-334-3427
저자·독자 서비스 humanist@humanistbooks.com
홈페이지 www.humanistbooks.com
유튜브 youtube.com/user/humanistma 포스트 post.naver.com/hmcv
페이스북 facebook.com/hmcv2001 인스타그램 @humanist_insta

편집주간 황서현 편집 임은선 조은화 디자인 김태형 사진 촬영 하현희
용지 화인페이퍼 인쇄 청아디앤피 용지 정민문화사

ⓒ 최덕근, 2016

ISBN 978-89-5862-568-1 93450

이 도서의 국립중앙도서관 출판예정도서목록(CIP)은 서지정보유통지원시스템 홈페이지(http://seoji.nl.go.kr)와
국가자료공동목록시스템(http://www.nl.go.kr/kolisnet)에서 이용하실 수 있습니다.(CIP제어번호: CIP2016004085)